『十二五』國家重點圖書出版規劃項目

二〇一一—二〇二〇年國家古籍整理出版規劃項目

國家古籍整理出版專項經費資助項目

中國古農書集粹

王思明——主編

鳳凰出版社

ISBN 978-7-5506-4068-9

9 787550 640689 >

圖書在版編目（ＣＩＰ）數據

洛陽牡丹記、洛陽牡丹記、亳州牡丹記、曹州牡丹譜、菊譜、菊譜、菊譜、百菊集譜、菊譜、菊譜、菊説、東籬纂要 / (宋) 歐陽修等撰. -- 南京 : 鳳凰出版社, 2024.5

（中國古農書集粹 / 王思明主編）

ISBN 978-7-5506-4068-9

Ⅰ. ①洛… Ⅱ. ①歐… Ⅲ. ①農學－中國－古代 Ⅳ. ①S-092.2

中國國家版本館CIP數據核字(2024)第042401號

書　　名	洛陽牡丹記 等
著　　者	(宋)歐陽修 等
主　　編	王思明
責任編輯	王　劍
裝幀設計	姜　嵩
責任監製	程明嬌
出版發行	鳳凰出版社(原江蘇古籍出版社) 發行部電話025-83223462
出版社地址	江蘇省南京市中央路165號,郵編:210009
印　　刷	常州市金壇古籍印刷廠有限公司 江蘇省金壇市晨風路186號,郵編:213200
開　　本	889毫米×1194毫米　1/16
印　　張	36
版　　次	2024年5月第1版
印　　次	2024年5月第1次印刷
標準書號	ISBN 978-7-5506-4068-9
定　　價	360.00圓

(本書凡印裝錯誤可向承印廠調换,電話:0519-82338389)

《中國古農書集粹》編委會

主　編

王思明

副主編

惠富平　熊帝兵

編　委

沈志忠　盧　勇　丁曉蕾　夏如兵　陳少華　何紅中

劉馨秋　李昕升　劉啓振　朱鎖玲　何彦超

序

中國是世界農業的重要起源地之一，農耕文化有着上萬年的歷史，在農業方面的發明創造舉世矚目。中國幾千年的傳統文明本質上就是農業文明。農業是國民經濟中不可替代的重要的物質生産部門，在傳統社會中一直是支柱産業。農業的自然再生産與經濟再生産曾奠定了中華文明的物質基礎。在漫長的歷史進程中，中華農業文明孕育出南方水田農業文化與北方旱作農業文化、漢民族與其他少數民族農業文化等不同的發展模式。無論是哪種模式，都是人與環境協調發展的路徑選擇。中國之所以能够在十九世紀以前的一兩千年中，長期保持着世界領先的地位，就在於中國農民能够根據不斷變化的人口狀況以及自然、經濟環境作出正確的判斷和明智的選擇。

中國農業文化遺産十分豐富，包括思想、技術、生産方式以及農業遺存等。在傳統農業生産過程中，形成了以尊重自然、順應自然，天、地、人『三才』協調發展的農學指導思想；形成了以種植業爲主，種植業和養殖業相互依存、相互促進的多樣化經營格局；凸顯了『寧可少好，不可多惡』的農業經營策略和精耕細作的技術特點；蘊含了『地可使肥，又可使棘』『地力常新壯』的辯證土壤耕作理論；總結了輪作復種、間作套種和多熟種植的技術經驗；形成了北方旱地保墒栽培與南方合理管水用水相結合的農業生産模式。與世界其他國家或民族的傳統農業以及現代農業相比，中國傳統農業自身的特色明顯，既有成熟的農學理論，又有獨特的技術體系。

世代相傳的農業生産智慧與技術精華，經過一代又一代農學家的總結提高，涌現了數量龐大、種類繁多的農書。《中國農業古籍目録》收録存目農書十七大類，二千零八十四種。閔宗殿等學者在此基礎上又根據江蘇、浙江、安徽、江西、福建、四川、臺灣、上海等省市的地方志，整理出明清時期二百三十六種『新書目』。[一] 隨着時間的推移和學者的進一步深入研究，還將會有不少沉睡在古籍中的農書被不斷地揭示出來。作爲中華農業文明的重要載體，這些古農書總結了不同歷史時期中國農業經營理念和傳統農業科技的精華，是人類寶貴的文化財富。

中國古代農書豐富多彩、源遠流長，反映了中國農業科學技術的起源、發展、演變與轉型的歷史進程與發展規律，折射出中華農業文明發展的曲折而漫長的發展歷程。這些農書中包含了豐富的農業實用技術、農業經濟智慧、農村社會發展思想等，覆蓋了農、林、牧、漁、副等諸多方面，廣泛涉及傳統社會中農業生産、農村社會、農民生活等主要領域，還記述了許許多多關於生物學、土壤學、氣候學、地理學、水利工程等自然科學原理。存世豐富的中國古農書，不僅指導了我國古代農業生産與農村社會的發展，也包含了許多當今經濟社會發展中所迫切需要解決的問題——生態保護、可持續發展、農村建設、鄉村振興等思想和理念。

作爲中國傳統農業智慧的結晶，中國古農書通過各種途徑傳播到世界各地，對世界農業文明産生了深遠影響，例如《齊民要術》在唐代已傳入日本。被譽爲『宋本中之冠』的北宋天聖年間崇文院本《齊民要術》被日本視爲『國寶』，珍藏在京都博物館。而以《齊民要術》爲对象的研究被稱爲日本『賈學』。江户時代的宫崎安貞曾依照《農政全書》的體系、格局，撰寫了適合日本國情的《農業全書》十

[一] 閔宗殿《明清農書待訪録》，《中國科技史料》二〇〇三年第四期。

卷，成爲日本近世時期最有代表性、最系統、水準最高的農書，被稱爲『人世間一日不可或缺之書』。據不完全統計，受《農政全書》或《農業全書》影響的日本農書達四十六部之多。[一]中國古農書直接或間接地推動了當時整個日本農業技術的發展，提升了農業生產力。

朝鮮在新羅時期就可能已經引進了《齊民要術》。[二]高麗宣宗八年（一〇九一）李資義出使中國，宋哲宗（一〇八六—一一〇〇）要求他在高麗覆刊的書籍目錄裏有《氾勝之書》。高麗後期的一三四九年與一三七二年，曾兩次刊印《元朝正本農桑輯要》。朝鮮太宗年間（一三六七—一四二二），學者從《農桑輯要》中抄錄養蠶部分，譯成《養蠶經驗撮要》，摘取《農桑輯要》中穀和麻的部分譯成吏讀，並以此爲底本刊印了《農書輯要》。朝鮮的《閒情錄》以《陶朱公致富奇書》爲基礎出版，《農政會要》則主要引自《授時通考》。《農家集成》《農事直説》以及姜希孟的《四時纂要》主要根據王禎《農書》等多部中國古農書編成。據不完全統計，目前韓國各文教單位收藏中國農業古籍四十種，[三]包括《齊民要術》《農政全書》《授時通考》《御製耕織圖》《江南催耕課稻編》《廣群芳譜》《農桑輯要》等。

中國古農書還通過絲綢之路傳播至歐洲各國。《農政全書》至遲在十八世紀傳入歐洲，一七三五年法國杜赫德（Jean-Baptiste Du Halde）主編的《中華帝國及華屬韃靼全志》卷二摘譯了《農政全書》卷三十一至卷三十九的《蠶桑》部分。至遲在十九世紀末，《齊民要術》已傳到歐洲。達爾文的《物種起源》和《動物和植物在家養下的變異》援引《中國紀要》中的有關事例佐證其進化論，達爾文在談到人

〔一〕韓興勇《〈農政全書〉在近世日本的影響和傳播——中日農書的比較研究》，《農業考古》二〇〇三年第一期。

〔二〕[韓]崔德卿《韓國的農書與農業技術——以朝鮮時代的農書和農法爲中心》，《中國農史》二〇〇一年第四期。

〔三〕王華夫《韓國收藏中國農業古籍概況》，《農業考古》二〇一〇年第一期。

工選擇時說：『如果以爲這種原理是近代的發現，就未免與事實相差太遠。……在一部古代的中國百科全書中，已有關於選擇原理的明確記述。』〔一〕而《中國紀要》中有關家畜人工選擇的内容主要來自《齊民要術》。〔二〕中國古農書間接地爲生物進化論提供了科學依據。英國著名學者李約瑟（Joseph Needham）編著的《中國科學技術史》第六卷『生物學與農學』分册以《齊民要術》爲重要材料，説它『即使在世界範圍内也是卓越的、傑出的、系統完整的農業科學理論與實踐的巨著』。〔三〕

世界上許多國家都收藏有中國古農書，如大英博物館、巴黎國家圖書館、柏林圖書館、聖彼得堡（列寧格勒）圖書館、美國國會圖書館、哈佛大學燕京圖書館、日本内閣文庫、東洋文庫等，大多珍藏有《齊民要術》《茶經》《農桑輯要》《農書》《農政全書》《授時通考》《花鏡》《植物名實圖考》等早期刻本。不少中國著名古農書還被翻譯成外文出版，如《齊民要術》有日文譯本（缺第十章），《天工開物》與《茶經》有英、日譯本，《農政全書》《授時通考》《群芳譜》的個别章節已被譯成英、法、俄等文字，《元亨療馬集》有德、法文節譯本。法蘭西學院的斯坦尼斯拉斯·儒蓮（一七九九—一八七三）翻譯的法文版《蠶桑輯要》廣爲流行，並被譯成英、德、意、俄等多種文字。顯然，中國古農書已經是全世界人民的共同財富，也是世界了解中國的重要媒介之一。

近代以來，有不少學者在古農書的搜求與整理出版方面做了大量工作。晚清務農會於光緒二十三年（一八九七）鉛印《農學叢刻》，但是收書的規模不大，僅刊古農書二十三種。一九二〇年，金陵大學在

〔一〕［英］達爾文《物種起源》，謝蘊貞譯。科學出版社，一九七二年，第二十四—二十五頁。

〔二〕《中國紀要》即十八世紀在歐洲廣爲流行的全面介紹中國的法文著作《北京耶穌會士關於中國人歷史、科學、技術、風俗、習慣等紀要》。一七八〇年出版的第五卷介紹了《齊民要術》，一七八六年出版的第十一卷介紹了《齊民要術》中的養羊技術。

〔三〕轉引自繆啓愉《試論傳統農業與農業現代化》，《傳統文化與現代化》一九九三年第一期。

全國率先建立了農業歷史文獻的專門研究機構，在萬國鼎先生的引領下，開始了系統收集和整理中國古代農業歷史文獻的研究工作，着手編纂《先農集成》，從浩如煙海的農業古籍文獻資料中，搜集整理了三千七百多萬字的農史資料，後被分類輯成《中國農史資料》四百五十六册，是巨大的開創性工作。

民國期間，影印興起之初，《齊民要術》、王禎《農書》、《農政全書》等代表性古農學著作均有石印本或影印本。一九四九年以後，爲了保存農書珍籍，曾影印了一批國内孤本或海外回流的古農書珍本，如中華書局上海編輯所分别在《中國古代科技圖録叢編》和《中國古代版畫叢刊》的總名下，影印了《天工開物》（崇禎十年本）、《便民圖纂》（萬曆本）、《救荒本草》（嘉靖四年本）、《授衣廣訓》（嘉慶原刻本）等。上海圖書館影印了元刻大字本《農桑輯要》（孤本）。一九八二年至一九八三年，農業出版社以《中國農學珍本叢書》之名，先後影印了《全芳備祖》（日藏宋刻本），《金薯傳習録、種薯譜合刊》（前者刊本僅存福建圖書館，後者朝鮮徐有榘以漢文編寫，内存徐光啓《甘薯蔬》全文），以及《新刻注釋馬牛駝經大全集》（孤本）等。

古農書的輯佚、校勘、注釋等整理成果顯著。萬國鼎、石聲漢先生都曾對《四民月令》《氾勝之書》等進行了輯佚、整理與深入研究。到二十世紀末，具有代表性的古農書基本得到了整理，如夏緯瑛的《管子地員篇校釋》和《呂氏春秋上農等四篇校釋》，石聲漢的《齊民要術今釋》《農桑輯要校注》《農政全書校注》等，繆啓愉的《齊民要術校釋》和《四時纂要》，王毓瑚的《農桑衣食撮要》，馬宗申的《授時通考校注》等。特别是農業出版社自二十世紀五十年代一直持續到八十年代末的《中國農書叢刊》，先後出版古農書整理著作五十餘部，涉及範圍廣泛，既包括綜合性農書，也收録不少畜牧、蠶桑、水利等專業性農書。此外，中華書局、上海古籍出版社等也有相應的古農書整理著作出版。

一些有識之士還致力於古農書的編目工作。一九二四年，金陵大學毛邕、萬國鼎編著了最早的農書簡目《中國農書目錄彙編》，存佚兼收，薈萃七十餘種古農書。但因受時代和技術手段的限制，規模較小。一九四九年以後，古農書的編目、典藏等得以系統進行。一九五七年，王毓瑚的《中國農學書錄》出版（一九六四年增訂），含英咀華，精心考辨，共收農書五百多種。一九五九年，北京圖書館據全國二十五個圖書館的古農書書目彙編成《中國古農書聯合目錄》，收錄古農書及相關整理研究著作六百餘種。一九九〇年，中國農業歷史學會和中國農業博物館據各農史單位和各大圖書館所藏農書彙編成《農業古籍聯合目錄》，收書較此前更加豐富。二〇〇三年，張芳、王思明的《中國農業古籍目錄》收錄了古農書存目二千零八十四種。經過幾代人的艱辛努力，中國古農書的規模已基本摸清。上述基礎性工作爲古農書的搜求、彙集、出版奠定了堅實的基礎。

目前，以各種形式出版的中國古農書的數量和種類已經不少，具有代表性的重要農書還被反復出版。但是，仍有不少農書尚存於各館藏單位，一些孤本、珍本急待搶救出版。部分大型叢書已經注意到古農書的彙集與影印，《續修四庫全書》『子部農家類』收錄農書六十七部，《中國科學技術典籍通匯》『農學卷』影印農書四十三種。相對於存量巨大的古代農書而言，上述影印規模還十分有限。可喜的是，在鳳凰出版社和中華農業文明研究院的共同努力下，《中國古農書集粹》被列入《二〇一一—二〇二〇年國家古籍整理出版規劃》。本《集粹》是一個涉及目録、版本、館藏、出版的系統工程，工作於二〇一二年啓動，經過近八年的醞釀與準備，影印出版在即。《集粹》原計劃收錄農書一百七十七部，後根據時代的變化以及各農書的自身價值情況，幾易其稿，最終決定收錄代表性農書一百五十二部。

《中國古農書集粹》填補了目前中國農業文獻集成方面的空白。本《集粹》所收錄的農書，歷史跨度時間長，從先秦早期的《夏小正》一直至清代末期的《撫郡農産考略》，既展現了中國古農書的萌芽、形成、發展、成熟、定型與轉型的完整過程，也反映了中華農業文明的發展進程。明清時期是中國傳統農業發展的巔峰，它繼承了中國傳統農業中許多好的東西並將其發展到極致，而這一階段的農書恰是本《集粹》收錄的重點。本《集粹》還具有專業性強的特點。古農書屬大宗科技文獻，而非傳統意義的歷史文獻，本《集粹》更側重於與古代農業密切相關的技術史料的收錄。本《集粹》所收農書覆蓋面廣，涵蓋了綜合性農書、時令占候、農田水利、農具、土壤耕作、大田作物、園藝作物、竹木茶、植物保護、畜牧獸醫、蠶桑、水産、食品加工、物産、農政農經、救荒賑災等諸多領域。收書規模也爲目前中國農業古籍集成之最。

《中國古農書集粹》彙集了中國古代農業科技精華，是研究中國古代農業科技的重要資料。同時，中國古農書也廣泛記載了豐富的鄉村社會狀況、多彩的民間習俗、真實的物質與文化生活，反映了中國古代農民的宗教信仰與道德觀念，體現了科技語境下的鄉村景觀。不僅是科學技術史研究不可或缺的第一手資料，還是研究傳統鄉村社會的重要依據，對歷史學、社會學、人類學、哲學、經濟學、政治學及其他社會科學都具有重要參考價值。古農書是傳統文化的重要載體，是繼承和發揚優秀農業文化遺産的主要文獻依憑，對我們認識和理解中國農業、農村、農民的發展歷程，乃至整個社會經濟與文化的歷史脉絡都具有十分重要的意義。本《集粹》不僅可以加深我們對中國農業文化、本質和規律的認識，還可以鑒古知今，把握國情，爲今天的經濟與社會發展政策的制定提供歷史智慧。

本《集粹》的出版，可以加强對中國古農書的利用與研究，加深對農業與農村現代化歷史進程的必然性和艱巨性的認識。祖先們千百年耕種這片土地所積累起來的知識和經驗，對於如今人們利用這片土地仍具有指導和借鑒作用，對今天我國農業與農村存在問題的解決也不無裨益。現代農學雖然提供了一些『普適』的原理，但這些原理要發揮作用，仍要與這個地區特殊的自然環境相適應。而且現代農學原理並不否定傳統知識和經驗的作用，也不能完全代替它們。中國這片土地孕育了有中國特色的傳統農業，積累了有自己特色的知識和經驗，有利於建立有中國特色的現代農業科技體系。人類文明是世界各個民族共同創造的，人類文明未來的發展當然要繼承各個民族已經創造的成果。中國傳統的農業知識必將對人類未來農業乃至社會的發展作出貢獻。

王思明

二〇一九年二月

目錄

洛陽牡丹記

（宋）歐陽修 撰

《洛陽牡丹記》，（宋）歐陽修撰。歐陽修（一〇〇七—一〇七二），字永叔，號醉翁、六一居士，吉水（今屬江西）人。曾任樞密副使、參知政事等職。宋代著名文學家、史學家，爲『唐宋八大家』之一。歐陽氏於天聖九年（一〇三一）初抵達洛陽，見當地花業極盛，民俗酷愛牡丹，遂依見聞撰成此書。鄭樵《通志·藝文略》『種藝門』著錄，馬端臨《文獻通考》《宋史·藝文志》題作《牡丹譜》，清陸心源《皕宋樓藏書志》收錄本書，宋刊本書名確有『洛陽』二字。

全書約二千七百字，分三篇。一曰『花品叙』，列出牡丹品種二十四個。指出牡丹在中國生長的地域，認爲『出洛陽者今爲天下第一』。二曰『花釋名』，解説花名由來：『牡丹之名，或以氏或以州或以地或以色或旌其所異者而志之』，列舉了各品種的來歷和主要的形態特徵，説珍貴的品種姚黃、魏花被尊之爲花王、花后，花型已有單葉型（單瓣）、千葉型（重瓣）的區分，花色已有黃、肉紅、深紅、淺紅、朱砂紅、白、紫、先白後紅等。並記述了牡丹由藥用本草擴展爲花卉觀賞的歷程。三曰『風俗記』，記述洛陽人賞花、種花、澆花、養花、醫花的方法，並説爲將花王送到開封供皇帝欣賞，人們採用了竹籠裏襯菜葉及蠟封花蒂的技術。

該書之後，宋代浙江鄞縣人周師厚也寫過一部有關洛陽牡丹的書，記載牡丹品種四十六個，可看作是對歐陽氏《洛陽牡丹記》的增補。中國古代牡丹專書還有宋代張邦基的《陳州牡丹記》、陸游的《天彭牡丹譜》，明代薛鳳翔的《牡丹八書》《亳州牡丹史》，清代鈕琇的《亳州牡丹述》，清代余鵬年《曹州牡丹譜》等。

該書流傳極廣，有《百川學海》《説郛》《山居雜誌》《墨海金壺》《香艷叢書》和《叢書集成》等十餘種版本。今據南京圖書館藏《百川學海》本影印。

（惠富平）

洛陽牡丹記

廬陵歐陽脩述

花品叙第一

牡丹出丹州延州東出青州南亦出越州而出洛陽者今爲天下第一洛陽所謂丹州花延州紅青州紅者皆彼土之尤傑者然來洛陽纔得備衆花之一種列第不出三已下不能獨立與洛花敵而越之花以遠罕識不見齒然雖越人亦不敢自譽以與洛陽爭高下是洛陽者是天下之第一也洛陽亦有黄芍藥緋桃瑞蓮千葉李紅郁李之類皆不減他出者而洛陽人不甚惜謂之果子花曰某花云云至牡丹則不名直曰花其意謂天下真花獨牡丹其名之著不假

曰牡丹而可知也其愛重之如此此説者多言洛陽於三河間古善地昔周公以尺寸考日出没測知寒暑風雨乖與順於此此蓋天地之中草木之華得中氣之和者多故獨與他方異予甚以爲不然夫洛陽於周所有之土四方入貢道里均乃九州之中在天地崑崙旁薄之間未必中也又況天地之和氣宜徧四方上下不宜限其中以自私夫中與和者有常之氣其推於物也亦宜爲有常之形物之常者不甚美亦不甚惡及元氣之病也美惡隔并而不相和入故物有極美與極惡者皆得於氣之偏也花之鍾其美與夫癭木擁腫之鍾其惡醜好雖異而得一氣之偏病則均洛陽城圍數十里而諸縣之花莫及城中者出

其境則不可植焉豈又偏氣之美者獨聚此數十里之地乎此又天地之大不可考也已凡物不常有而爲害乎人者曰災不常有而徒可怪駭不爲害者曰妖語曰天反時爲災地反物爲妖此亦草木之妖而萬物之一怪也然比夫癭木擁腫者竊獨鍾其美而見幸於人焉余在洛陽四見春天聖九年三月始至洛其至也晚見其晚者明年會與友人梅聖俞遊嵩山少室緱氏嶺石唐山紫雲洞既還不及見又明年有悼亡之戚不暇見又明年以留守推官歲滿解去只見其蚤者是未嘗見其極盛時然目之所矚已不勝其麗焉余居府中時嘗謁錢思公於雙桂樓下見一小屏立坐後細書字滿其上思公指之曰欲作花

品此是牡丹名凡九十餘種余時不暇讀之然余所經見而今人多稱者纔三十許種不知思公何從而得之多也計其餘雖有名而不著未必佳也故今所録但取其特著者而次第之

姚黄　魏花　細葉壽安

鞓紅亦曰青州紅　牛家黄　潛溪緋

左花　獻來紅　葉底紫

鶴翎紅　添色紅　倒暈檀心

朱砂紅　九蘂真珠　延州紅

多葉紫　麤葉壽安　丹州紅

蓮花萼　一百五　鹿胎花

甘草黄　一擫紅　玉板白

花釋名第二

牡丹之名或以氏或以州或以地或以色或旌其所異者而志之姚黃左花魏花以姓著青州丹州延州紅以州著細葉麤葉壽安潛溪緋以地著一擫紅鶴翎紅朱砂紅玉板白多葉紫甘草黃以色著獻來紅添色紅九蘂真珠鹿胎花倒暈檀心蓮花萼一百五葉底紫皆志其異者

姚黃者千葉黃花出於民姚氏家此花之出於今未十年姚氏居白司馬坡其地屬河陽然花不傳河陽傳洛陽洛陽亦不甚多一歲不過數朶

牛黃亦千葉出於民牛氏家比姚黃差小真宗祀汾陰還過洛陽留宴淑景亭牛氏獻此花名

遂著
甘草黄單葉色如甘草洛人善別花見其樹知爲某花云獨姚黄易識其葉嚼之不腥
魏家花者千葉肉紅花出於魏相仁溥家始樵者於壽安山中見之斵以賣魏氏魏氏池舘甚大傳者云此花初出時人有欲閱者人税十數錢乃得登舟渡池至花所魏氏日收十數緡其後破亡鬻其園今普明寺後林池乃其地寺僧耕之以植桑麥花傳民家甚多人有數其葉者云至七百葉錢思公嘗曰人謂牡丹花王今姚黄眞可爲王而魏花乃后也
鞓紅者單葉深紅花出青州亦曰青州紅故張僕射齊賢有第西京賢相坊自青州以馲駝馱其種遂傳

洛中其色類腰帶鞓謂之鞓紅

獻來紅者大多葉淺紅花張僕射罷相居洛陽人有獻此花者因曰獻來紅

添色紅者多葉花始開而白經日漸紅至其落乃類深紅此造化之尤巧者

鶴翎紅者多葉花其末白而本肉紅如鴻鵠羽色

細葉麄葉壽安者皆千葉肉紅花出壽安縣錦屏山中細葉者尤佳

倒暈檀心者多葉紅花凡花近蕚色深至其末漸淺此花自外深色近蕚反淺白而深檀點其心此尤可愛

一擫紅者多葉淺紅花葉杪深紅一點如人以三指

撚之

九蘂眞珠紅者千葉紅花葉上有一白點如珠而葉密蹙其蘂爲一百五者多葉白花洛花以穀雨爲開候而此花常至一百五日開最先

丹州延州花者皆千葉紅花不知其至洛之因

蓮花萼者多葉紅花青趺三重如蓮花萼

左花者千葉紫花葉密而齊如截亦謂之平頭紫

朱砂紅者多葉紅花不知其所出有民門氏子者善接花以爲生買地於崇德寺前治花圃有此花洛陽豪家尚未有故其名未甚著花葉甚鮮向日視之如猩血

葉底紫者千葉紫花其色如墨亦謂之墨紫花在藂中旁必生一大枝引葉覆其上其開也比他花可延十日之久噫造物者亦惜之耶此花之出比他花最遠傳云唐末有中官爲觀軍容使者花出其家亦謂之軍容紫歲久失其姓氏矣

玉板白者單葉白花葉細長如拍板其色如玉而深檀心洛陽人家亦少有余嘗從思公至福嚴院見之問寺僧而得其名其後未嘗見也

潛溪緋者千葉緋花出於潛溪寺寺在龍門山後本唐相李藩別墅今寺中已無此花而人家或有之本是紫花忽於藂中特出緋者不過一二朶明年移在他枝洛人謂之轉（音篆）枝花故其接頭尤難得

鹿胎花者多葉紫花有白點如鹿胎之紋故蘇相禹珪宅今有之

多葉紫不知其所出初姚黃未出時牛黃爲第一牛黃未出時魏花爲第一魏花未出時左花爲第一左花之前唯有蘇家紅賀家紅林家紅之類皆單葉花當時爲第一自多葉千葉花出後此花黜矣今人不復種也牡丹初不載文字唯以藥載本草然於花中不爲高第大抵丹延已西及褒斜道中尤多與荊棘無異土人皆取以爲薪自唐則天已後洛陽牡丹始盛然未聞有以名著者如沈宋元白之流皆善詠花草計有若今之異者彼必形於篇詠而寂無傳焉唯劉夢得有詠魚朝恩宅牡丹詩但云一藂千萬朵而

巳亦不云其美且異也謝靈運言永嘉竹間水際多牡丹今越花不及洛陽甚遠是洛花自古未有若今之盛也

風俗記第三

洛陽之俗大抵好花春時城中無貴賤皆插花雖負檐者亦然花開時士庶競爲遊遨往往於古寺廢宅有池臺處爲市井張幄帟笙歌之聲相聞最盛於月陂堤張家園棠棣坊長壽寺東街與郭令宅至花落乃罷洛陽至東京六驛舊不進花自今徐州李相迪爲留守時始進 御歲遣牙校一員乘驛馬一日一夕至京師所進不過姚黄魏花三數朶以菜葉實竹籠子藉覆之使馬上不動搖以蠟封花蔕乃數日不

落大抵洛人家家有花而少大樹者蓋其不接則不佳春初時洛人於壽安山中斸小栽子賣城中謂之山篦子人家治地爲畦塍種之至秋乃接接花工尤著者一人謂之門園子豪家無不邀之姚黃一接頭直錢五千秋時立券買之至春見花乃歸其直洛人甚惜此花不欲傳有權貴求其接頭者或以湯中蘸殺與之魏花初出時接頭亦直錢五千今尚直一千接時須用社後重陽前過此不堪矣花之木去地五七寸許截之乃接以泥封裹用軟土擁之以蒻葉作庵子罩之不令見風日唯南向留一小戶以達氣至春乃去其覆此接花之法也（用瓦亦可）種花必擇善地盡去舊土以細土用白斂末一斤和之蓋牡丹根甜多

引蟲食白斂能殺蟲此種花之法也澆花亦自有時或用日未出或日西時九月旬日一澆十月十一月三日二日一澆正月隔日一澆二月一日一澆此澆花之法也一本發數朶者擇其小者去之只留一二朶謂之打剥懼分其脉也花纔落便翦其枝勿令結子懼其易老也春初旣去蒻庵便以棘數枝置花叢上棘氣暖可以辟霜不損花芽他大樹亦然此養花之法也花開漸小於舊者蓋有蠹蟲損之必尋其穴以硫黃簪之其旁又有小穴如鍼孔乃蟲所藏處花工謂之氣窻以大鍼點硫黃末鍼之蟲乃死花復盛此醫花之法也烏賊魚骨用以鍼花樹入其膚花輒死此花之忌也

牡丹記

洛陽牡丹記

（宋）周師厚 撰

《洛陽牡丹記》，（宋）周師厚撰。周師厚（一〇三一—一〇八七），字敦夫，號仁熱，鄞（今浙江寧波市鄞州區）人，是名臣范仲淹的侄女婿。著有《洛陽牡丹記》《洛陽花木記》等書。

北宋熙寧年間農曆三月，周氏路過洛陽，時值牡丹盛開，深有感觸。調任洛陽後，決定系統性地記述洛陽花卉。周師厚搜集了李德裕《平泉山居草木記》等前人的相關文獻，同時尋訪各處花圃，親自調查花木，於元豐五年（一〇八二）二月完成《洛陽花木記》，《洛陽牡丹記》一書大約也完成於此時。《洛陽牡丹記》對洛陽一地四十七種牡丹的性狀、花色、别號、名稱演變乃至栽植方式、分佈地域等内容作了較爲完整的記述。

該書版本有清順治三年（一六四六）宛委山堂刻本等。今據國家圖書館藏《香艷叢書》本影印。

（何彦超　惠富平）

洛陽牡丹記

鄞江周氏

姚黃千葉黃花也。色極鮮潔。精采射人。有深紫檀心。近瓶青旋心一匝。與瓶並色。開頭可八九寸許。其花本出北邙山下白司馬坡姚氏家。今洛中名圃中傳接雖多。准水北歲有開者。大歲間歲乃成千葉。餘年皆單葉或多葉耳。水南率數歲一開千葉。然不及水北之歲也。蓋本出山中。宜高近市多糞壤。非其性也。其開最晚。在衆花彫零之後。芍藥未開之前。其色甚美而高潔之性。敷榮之時。特異于衆花。故洛人貴之。號爲花王。城中每歲不過開三數朶。都人士女必傾城往觀。鄉人扶老携幼。不遠千里。其爲時所貴重如此。

勝姚黃。靳黃千葉黃花也。有深紫檀心。開頭可八九寸許。色雖深于姚。然精采未易勝也。但頻年有花。洛人所以貴之。出靳氏之圃。因姓得之。皆在姚黃之前。洛人貴之。皆不滅姚花。但鮮潔不及姚。而無青心之異焉。可以亞姚而居丹州黃之上矣。

牛家黃。亦千葉黃花。其先出于姚黃。蓋花之祖也。色有紅與黃相間類一捻紅之初開時也。眞宗自汾陰還駐蹕淑景亭。賞花宴諸從臣。洛民牛氏獻此花。故後人謂之牛花。然色淺于姚黃。而微帶紅色。其品目當在姚靳之下矣。

千心黃。千葉黃花也。大率類丹州黃而近瓶碎蕊。特盛。異于衆花。故謂之千心黃。

甘草黃。千葉黃花也。色紅檀心。色微淺于姚黃。蓋牛丹之比焉。其花初出時多單葉。今名園培壅之盛。變千葉。

丹州黃。千葉黃花也。色淺于靳。而深于甘草黃。有檀心。深紅。大可半葉。其花初出時。本多葉。今名園栽接得地。間或成千葉。然不能歲成就也。

閔黃。千葉黃花也。色類甘草黃而無檀心。出于閔氏之圃。因此得名。其品第蓋甘草黃之比歟。

女眞黃。千葉淺黃色花也。元豐中出于洛氏銀李氏園中。李以爲異。獻于大尹潞公。公見心愛之。命曰女眞黃。其開頭可八九寸許。色類丹州黃。而微帶紅溫潤匀榮。其狀色端整。類劉師閣而黃。諸名圃皆未有。然亦甘草黃之比歟。
絲頭黃。千葉黃花也。色類丹州黃。外有大葉如盤。中有碎葉一簇。可百餘。分碎葉之心。有黃絲數十莖。聳起而特立。高出于花葉之上。故目之爲絲頭黃。唯天黃寺僧房中一本特佳。它圃未之有也。
御袍黃。千葉黃花也。色與開頭大率類女眞黃。元豐禮應天院神御花圃中植山篦數百。忽于其中變此一種。因目之爲御袍黃。
狀元紅。千葉深紅花也。色類丹砂而淺。葉杪微淡。近蕚漸深。有此檀心。開頭可七八寸。其色甚美。迥出衆花之上。故洛人以狀元呼之。惜乎開頭差小于魏花而色深過之遠甚。其花出安國寺張氏家。熙寧初方有之。俗謂之張八花。今流傳諸譜甚盛。龍歲有此花。又特可貴也。
魏花。千葉肉紅花也。本出晉相魏仁溥園中。今流傳特盛。然葉最繁密。人有數之者。至七百餘葉。面大如盤。中堆積碎葉突起。圓整如覆鍾狀。開頭可八九寸許。其花端麗精采瑩潔。異于衆花。洛人謂姚黃爲王。魏花爲后。誠爲善評也。近年又有勝魏都勝二品出焉。勝魏似魏花而微深。都勝似魏花而差大葉微帶紫紅色。意其種皆魏花之所變歟。豈寓于紅花本者其子變而爲勝魏。寓于紫花本者其子變而爲都勝邪。

瑞雲紅。千葉肉紅花者。開頭大尺餘。色類魏花微深。然碎葉差大不若魏之繁密也。葉杪微卷如雲氣狀。故以瑞雲目之。然與魏花迭爲盛衰。魏花多則瑞雲少。瑞雲多則魏花少。意者草木之妖亦相忌嫉而勢不並立歟。

岳山紅。千葉肉紅花也。本出于嵩岳。因此得名。色深于瑞雲。淺于狀元紅。有紫檀心。鮮潔可愛。花唇微淡。近蕚漸深。開頭可八九寸。

間金。千葉紅花也。微帶紫而類金繫腰。開頭可八九寸許。葉間有黃蕊。故以間金目之。其花蓋大黃蕊之所變也。

金繫腰。千葉黃花也。類間金而無蕊。每葉上有金線一道。橫于半花上。故目之爲金繫腰。其花本出于緱氏山中。

一捻紅。千葉粉紅花也。有檀心花。葉葉之杪各有深紅一點。如美人以胭脂手捻之故謂之一捻紅。然開頭差小。可七八寸許。初開時多青。折開時乃變成紅耳。

九蕚紅。千葉粉紅花也。莖葉極高大。其苞有青趺九重。苞未折時。特異于衆花。花開必先青。折數日然後色變紅。花葉多皺蹙。有類揉草。然多不成就。偶有成者。開頭盈尺。

劉師閣。千葉淺紅花也。開頭可八九寸許。無檀心。本出長安劉氏尼之閣下。因此得名。微帶紅黃色。如美人肌肉。然瑩白溫潤。花亦端整。然不常開。率數年乃見一花耳。

壽安有二種。皆千葉肉紅花也。出壽安縣錦屛山中。其色似魏花而淺淡。一種葉差大。開頭不大。因謂之大葉壽安。一種葉細。故謂之細葉壽安云。

洗妝紅。千葉肉紅花也。元豐中。忽生于銀李圃山篦中。大率似壽安而小異。劉公伯壽見而愛之。謂如美婦人洗去朱粉。而見其天眞之肌。瑩潔溫潤。因命今名。其品第蓋壽安劉師閣之比歟。

蹙金毬。千葉淺紅花也。色類間金而葉杪皺蹙。間有黃稜斷續于其間。因此得名。然不知所出之因。今安勝寺及諸園皆有之。

探春毬。千葉肉紅花也。開時在穀雨前。與一百五相次開。故曰探春毬。其花大率類壽安紅。以其開早。故得今名。

二色紅。千葉紅花也。元豐中出于銀李園中。于接頭一本上岐分爲二色。一淺一深。深者類間金。淺者類瑞雲。始以爲有兩接頭。詳細視之。實一本也。豈一氣之所鍾而有淺深厚薄之不齊歟。大尹潞公見而賞異之。因命今名。

蹙金樓子。千葉紅花也。類金繫腰。下有大葉如盤。盤中碎葉繁密聳起而圓整。特高于衆花。碎葉皺蹙。互相粘綴。中有黃蕊間雜于其間。然葉之多。雖魏花不及也。元豐中生于袁氏之圃。

碎金紅。千葉粉紅花也。色類間金。每葉上有黃點數星。如黍粟大。故謂之碎金紅。

越山紅樓子。千葉粉紅花也。本出于會稽。不知到洛之因也。近心有長葉數十片彎起而特立。狀類重臺蓮。故有樓子之名。

形雲紅。千葉紅花也。類狀元紅。微帶緋色。開頭大者幾盈尺。花唇微白。近蕚漸深。檀心之中皆瑩白。類御袍花。本出于月波堤之福嚴寺。司馬公見而愛之。目之爲形雲紅也。

轉枝紅。千葉紅花也。蓋間歲乃成千葉。假如今年南之千葉。北之多葉。明年北之千葉。南之多葉。每歲互換。故謂之轉枝紅。其花大率類壽安云。

紫粉絲旋心。千葉粉紅花也。外有大葉十數重。如盤。盤中有碎葉百許。簇于瓶心之外。如旋心芍藥然。上有紫粉數十莖。高出于碎葉之表。故謂之曰紫粉旋心。元豐中生于銀李園中。富貴紅。不暈紅。壽妝紅。玉盤妝。皆千葉粉紅花也。大率類壽安而有小異。富貴紅色差深而帶緋紫色。不暈紅次之。壽妝紅又次之。玉盤妝最淺淡者也。大葉微白。碎葉粉紅。故得玉盤妝之號。

雙頭紅。雙頭紫。皆千葉花也。二花皆並蔕而生。如鞍子而不相連屬者也。唯應天院神御花圃中有之。不有多葉者。蓋地勢有肥瘠。故有多葉之變耳。培壅得地力有簇五者。然開頭愈多。則花愈小矣。

左紫。千葉紫花也。色深于安勝。然葉杪微白。近蕚漸深。突起圓整。有類魏花。開頭可八九寸。大者盈尺。此花最先出。國初時生于豪民左氏家。今洛中傳接者雖多。然難得眞者。大抵多轉枝不成千葉。雖長壽寺彌陀院一本特佳。歲歲成就。舊譜所謂左紫。即齊頭紫。如碗而平。不若左紫之繁密圓整。而有夫含稜之異云。

紫繡毬。千葉紫花也。色深而瑩澤。葉密而圓整。因得繡毬之名。然難得見花。大率類左紫云。但葉杪色白。不如左紫之唇白也。比之陳州紫。袁家紫。皆大同而小異耳。

安勝紫花也。開頭徑尺餘。本出于城中千葉安勝院。因此得名。延歲左紫與綉毬皆難得花。唯安勝紫與大宋紫特盛。歲歲皆有。故名圃中傳接甚多。

大宋紫。千葉紫花也。本出于永寧縣大宋川。豪民李氏之譜。因謂大宋紫。開頭極盛。徑尺餘。衆花無比。其大者。其色大率類安勝紫云。

順聖千葉花也色深類陳州紫每葉上有白縷數道自唇至萼紫白相間淺深同。開頭可八九寸許。燕寧中方有。

陳州紫。袁家紫。一色花。皆千葉。大率類。紫繡毬而圓整不及也。

潛溪緋。本千葉緋花也。有皂檀心色之殷美。眾花少與比者。出龍門山潛溪寺。本後唐相李潘別墅。今寺僧無好事者。花亦不成千葉。民間傳接者雖眾。大率皆多葉花耳。惜哉。

玉千葉。白花無檀心。瑩潔如玉。溫潤可愛。景祐中開于苑上書宅山篋中。細葉繁密。類魏花而白。今傳接于洛中雖多。然難得花。不歲成千葉也。

玉樓春。千葉白花也。類玉蒸餅而高有樓子之狀。元豐中生于何清縣左氏家。獻于潞公。因名之曰玉樓春。

玉蒸餅。千葉白花也。本出延州。及流傳到洛而繁盛過于延州時。花頭大于玉千葉杪。瑩白。近萼微紅。開頭可盈尺。每至盛開。枝多低。亦謂之軟條花云。

承露紅。多葉紅花也。每朵各有二葉。每葉之近萼處。各成一個鼓子花樣。凡有十二個。唯葉杪折展與衆花不同。其下玲瓏不相倚着。望之如雕鏤可受。淩晨如有甘露盈個。其香益更旖旎。與承露紫大率相類。唯其色異耳。

玉樓紅多葉花也。色類形雲紅。而每葉上有白縷數道。若雕鏤然。故以玉樓目之。

一百五者。千葉白花也。洛中寒食衆花未開。獨此花最先。故此貴之。

亳州牡丹史

（明）薛鳳翔 撰

《亳州牡丹史》，又名《牡丹史》。（明）薛鳳翔撰。薛鳳翔，字公儀（一説來儀），生於明萬曆年間，安徽亳州人。早年以例貢官至鴻臚寺少卿，後辭官告退還鄉。他擅長寫詩，尤工書法。

該書共四卷，各卷篇目懸殊不等，卷一包括《紀》《表》《書》《傳》《外傳》五目；卷二包括《別傳》一目；卷三包括《花考》《神異》《方術》等三目；卷四包括《藝文志》一目。

所謂《紀》專門用於記載牡丹種植歷史。《表》又分爲兩部分：《表一》爲『花之品』，將亳州所産的二百七十四個牡丹名品分爲『神品』『名品』『靈品』『逸品』『能品』『具品』等六個品第；《表二》爲『花之年』，則定牡丹子生者（實生苗），二年爲『幼』，四年爲『弱』，六年爲『壯』，八年爲『强』，並分別注明其宜接、宜分的年限和時令。《書》又分爲八篇，即『種一』（採種育苗），『栽二』（圃地選擇、整理和栽植方法），『分三』（分株時期和方法），『接四』（嫁接方法），『澆五』（灌溉時期與方法），『養六』（修枝、除草、遮蔭、護芽等管理），『醫七』（病蟲害防治），『忌八』（培植中的若干注意事項）。『八書』是本書的核心部分，涵蓋了牡丹種植養護的各個方面。《傳》則按照『六品』分別記述若干牡丹名品的來源、花型、色澤等内容。《外傳》又分爲『花之氣』『花之種』『花之鑒』三部分，分別論述了牡丹的特性、花形的類型及其所具有的十等『氣質』。

《別傳》包括《紀園》和《風俗紀》，《紀園》分別記載亳地十四個名園的歷史、規模和特點，《風俗紀》則記述亳州崇尚牡丹的歷史及盛況。所謂《花考》和《神異》，基本是依據文獻和作者見聞所輯録的有關牡丹的傳説及趣聞佚事。《方術》全爲先前本草著作中有關牡丹産地、性味和藥用的資料輯録。至於《藝文志》，則輯録了歷代有關牡丹的詩、賦，收羅堪稱完備。這部著作是按照史書體例編撰的牡丹學術專著，記載了有關牡丹的科技知識，是一部包含作者實踐經驗的總結性著作。

該書有明代萬曆年間刻本，以及民國二十三年（一九三四）上海中華書局據雍正四年（一七二六）武英殿銅活字版《古今圖書集成》影印的版本。今據南京圖書館藏明萬曆刻本影印。

（何彦超　惠富平）

牡丹史序

瑯琊焦竑撰

世人語花必曰某花某花至
牡丹直曰花而已豈不以牡
丹尤物非凡卉可伍特不名
以標異乎趙宋時洛陽
最有名歐公所記纔三十
四種丘道源三十九種陸務
觀譜蜀花史正志譜浙花至
錢思公所記多至九十餘種

可謂盛矣熙寧中沈杭州
牡丹記十卷名品之多種植
之法無不備具迄於今北之
亳州南之暨陽蕃藹豈
風氣亦有所移易而致然
歟抑花之盛衰亦以土俗之
好尚而異也余友薛鴻臚
公儀亳人也承兩歷先塋
遺業讀書之暇以蒔花學
圃自娛一日出所爲牡丹史

示余觀其所載殆兼昔人所
得而奄有之即周濂以天
瀆之重人力所及僅僅得四十四
種以儀視之不啻倍蓰而
什百然余讀之栽接剔治

各有其法得其法則日異
歲殊新新無已豈功力積久
即造化不得而擅其權歟而
原先生孤峭不合時宰而
乃篤好此花時人有宋廣

平之疑焉以花爲淫治易
壞非正人篤老堅操若行
者之所喜也然茂叔於蓮
堯夫於牡丹時或寄意焉
而不以其故貶儒余知以小

物而寓議論於君子者非
通論也鶴臞君博學多通
遇物成籍此特其一端云

牡丹史序

天地間之景與慧人才士之情歷千百年來互竭其心力之所至以呈工角巧意其無餘蘊矣獨景雖寫而其未寫者如故也情雖洩而其未洩者如故也有莖含即有開敷又有莖含前之人以為新矣而今視之即故今之人以為新矣而後視之又故甚矣造物之工巧無窮極也何以知

之以亳州之牡丹之甲于洛陽其種繁矣其名夥矣其色爛矣歷代之所譜者詳矣以視今亳之所產其種其名其色新故大不相侔也今且月異而歲不同矣奇之怪之變之化之造物者若不能自秘其工巧以狥人之轉移而日獻奇貢艷于人耳目之前故者新之新者又故矣則牡丹之變豈有極乎吾友薛公儀氏少

以其家傳學洽物聞遺之餘
方暇見於花事窮其變態著
而為史比前輩所譜又新之新
者也予取而讀之與公儀晤譚
者累日且嘆心業盡歸不可思

議至此與造物同與焉公儀
素通禪理為予首肯者久之
因漫書於史之首志不忘云
友人袁中道書

牡丹史序

公儀兄蘭心蕙質於古今載籍
圖書無所不綜博於海内名碩
彥俊無所不結納莫年掛冠葺
先人之舊廬嘯傲其中度書萬
架栽花萬萬本而牡丹爲最盛

公儀之於牡丹其培之最良而
嗜之也亦最篤惟培之良而種
類繁焉惟嗜之篤而擬議成焉
一曰紀二曰表三曰書四曰傳
五曰外傳六曰别傳七曰花考
八曰神異九曰方術十曰藝文

志總曰牡丹史而李子得而觀之曰嗚呼盛哉朱紫綠黃其色備矣寒燠晴雨其候詳矣神名逸能其品審矣今人不能見洛陽牡丹止侈言永叔牡丹記後人見公儀牡丹史不又侈言亳州有牡丹耶況亳州為我朝鍾靈毓秀地地靈則花名花名由人英人愈英花愈名嗚呼盛哉

丁巳秋日瓠菴李胤舉題於長安之銀杏道宮

牡丹史序

凡花可盆可盎可蓬籬可上牖隨貯隨宜韻致俱勝牡丹獨不爾盆之盎之則褻置於蓬籬上牖則陋故惟芳園勝地玉砌雕欄臨以畫閣環樓瑤臺碧樹映以珠簾錦箔繡戶雲廊幄以綺幕羅幃華棚綵障始足狂此花之大觀蕩此花之神色而對之者非王公鉅人即鴻生豪俊若也寒骨詩人酸風墨士

第可容爲花賓而爲花主則非其倫矣侍之者亦必名姝佳媛妖娥貴姬若也村市女粗姿薄態之妝弗與矣及其賞會亦必鑑筝寶瑟豔舞嬌歌蹉窮僊饌之珍酒極

瓊漿之侈若也貧厨荒酌澹寂盤餐弗與矣昔人謂牡丹花之富貴者也詎不信然公儀死溝内名家子有史才石渠中秘天藻國華不及史也而史此花鑒賞雌黄工摩

肖寫更復綺語霏霏精裁有法其是花之董狐耶十萬芳葩霞蒸雲爛盡公儀華花哉何詞之麗也每一展閱不繪而色態宛然不圃而品倫錯植雖焱暑玄霜群芳凋後

亦復香豔襲人不春而春也亦名別類魚次鴈行若漢宮粉黛三千按圖可觀神蕩魂迷心醉天香府矣臺守歐公昔叙牡丹以洛陽爲天下第一夫洛陽比屋皆栽故花

事之富亦比屋成之耳公儀家園數十畝花品以千百計而二三名流相翼是數區而兼比屋之華且神異之品不一而足命洛陽在諸君家園則天下第一命不歸之亳

耶唐人詩有看到子孫能幾家者公儀簪紳奕喋家園世守此花蓋亦故家喬木頗莫所以培之者多馨德茂義焉然則閱若史者從華反質因葩遡本可也然此史豈徒

以一花修觀宇內哉厥旨微矣品花王而第之是寓王伯之辨也而珍重之是寓尊

君義也而植之灌之而養之諸法畢備是寓保傅

君德義也聖人作史託天王之權公儀作史亦託東皇之權而王章國色均於造化不朽者乎世嘗有譜芍藥譜海棠譜梅譜菊者非不貞標逸藻增韻秾林較之此史不

星淵迴耶不佞舟學圃江干寒老而才盡品作花奴辱公儀數十年之愛敢用一言弁之顧以草莽賸夫而命序富貴名花公儀黜華崇素之誼亦於是乎在

萬曆歲次癸丑桂月之朔

鄧汝舟譔

延陵友弟　張[illegible][illegible]書

凡例

一亳郡昔時牡丹種數不多即有高下亦不甚相遠遂以一色分爲一類今則奇種繁夥一色之間姿態色澤迥乎殊異若止以色論恐未能盡故品第而臚列其名其色即見於本名下

一花之胎及樹上綠葉均爲詳定庶覓花者開時辨花無花有胎葉可辨而尋云

一花品高下既難以色論而色非淺深可盡如

紅有梅紅桃紅銀紅水紅木紅之類黃則有瓜瓤黃大黃小黃鶯兒黃之類如紫如白如碧如墨如藕褐如青蓮種種皆然各於本條下附見

一花雖品第不同或因名相類或因色相類傳中皆總收一處使按圖者易於稽考表中仍以品第高下收於各品中其種養賞鑒之家俱以姓氏存諸本花之下即園丁亦與名焉因名覈實也

一舊譜所載今無其種不敢虛列如御衣黃之類是也

一詩賦檢初盛唐李翰林清平調外僅得王右丞一首杜拾遺花底一詩其詞類牡丹而收之中晚及五代宋元亦不過盡吾家所藏之書而捜羅編次其掛一漏萬可知姑俟補訂

一花名之鄙俚有最可厭者皆起自花戶園丁之野談而花之受辱于玆爲甚欲易之恐物色不便仍以原名標其目焉

牡丹史標目

一卷

紀

表一花之品

表二花之年

書八

一種

二栽

三分

四接

五澆

六養

七醫

八忌

傳六

一神品

二名品

三靈品

亳州牡丹史卷之一

郡人薛鳳翔著
同郡　李文幟
　　　李文友　校

本紀

宋錢思公云唐人謂牡丹爲花王姚黃眞其王魏紫乃其后張景脩稱爲貴客唐開元中沉香亭前得異種朝暮黃碧異色晝夜殊香目爲花妖宋單父于驪山爲上皇種花得色萬種內人呼爲花師又曰花神然牡丹前史未嘗及之惟謝康樂有竹間水際一語至北齊楊子華有牡丹畫本流傳人始有識者圖經謂其生巴郡山谷及漢中丹延青越滁和諸山中亦有之花皆單葉有黃紫紅白數色一名鹿韭一名鼠姑唐人名爲木芍藥芍藥著於三代流傳風雅牡丹初無名以花相類故依芍藥爲名然芍藥自有二種安期生服鍊法云芍藥有金有木金者色白多脂木者色紫多脉茲驗其根耳崔豹古今

注云芍藥有草有木木者花大而色深俗呼為
牡非也天后時有人自山採歸禁前開元中花
盛開詔太真賞翫趣命李龜年捧金花牋宣翰
林李白進清平調詞三章是時裴士淹奉使幽
冀經汾州衆香寺得白牡丹一本異之植於長
興私第豈禁中秘色民間不易見耶至宋洛中
獨盛彭門牡丹在蜀中亦稱第一故有小洛陽
之稱往宋僧仲殊作越州牡丹志陸務觀作天
彭牡丹譜俱自謂不敢望洛中歐陽永叔牡丹

記亦謂洛陽天下第一今亳州牡丹更甲洛陽
其他不足言也獨恠永叔嘗知亳州記中無一
言及之豈當時亳無牡丹耶德靖間余先大父
西原東郊二公最嗜此花偏求他郡善本移植
亳中亳有牡丹自此始顧其名品僅能得歐之
半迨顏氏嗣出與余伯氏及李典客結斸花局
每以數千錢博一少芽珍護如珊瑚木難自是
種類繁夥隆萬以來足稱極盛夏侍御繼起于
此花尤所寶愛闢地城南為園延袤十餘畝而

倡和益衆矣昔宋時花師多種子以觀其變頃
亳人頗知種子能變之法永叔謂四十年間花
百變今不數年百變矣其化速若此然下子五
年而始花花即變未必奇奇花若賢人哲士固
不易出出且非一家如一品出於賈軟瓣銀紅
出於王新紅出於趙三變出於方而著於任大
黃來於東營而藏于李獨方氏所出更多奇變
其他諸姓間有之今薔叢聚於南里及京暑兩
園兩園如花之武庫吾家南園鼎立其間所餘

老本故枝每歲開放庶幾花之故鄉者舊也
花史氏曰永叔記洛中牡丹二十四種丘道源
三十九種錢思公譜浙江九十餘種陸務觀與
熙寧中沈杭州牡丹記各不下數十種往嚴郡
伯於萬曆己卯譜亳州牡丹多至一百一種矣
今且得二百七十四種然牡丹在洛中以姚魏
為冠無論奄有之至如一莖二花如一莖二花聯日分彩淩
風岐香又如一莖二花紅白對開來歲互異其
處二種不更奇于唐之花妖耶別花師種藝蔬

乃不滅單父亳中相尚成風有稱大家者有稱名家者有稱賞鑒家者有稱作家者有稱羽翼家者日新月盛不知將來變作何狀葢余嘗論之往正嘉間花品淳朴尚類詩家漢魏隆萬以來則冶麗繁衍如六朝矣豈物理循環亦有天運耶

表一 花之品

昔班孟堅作人表次等有九鍾嶸評詩列品惟四則物之巨細精粗必有分矣况於神花變幻百怪總歸巨麗藉使欣賞失倫則何以奮造化謝花神乎夫其意遠態前艷生相外靈襟洒落神光陸離如芀如翔欲驚欲狎譬巫娥出峽宓女凌波故曰神品至於玉潤珠明光華韶佚瓌姿艷質悴傀銷魂意若漢室之麗娟吳宮之鄭旦矣故曰名品亦有詭蹤幻跡異派殊宗騁色流輝不恒一態豈龍蘩乎狎狐尾也故曰靈品若夫品外標妍局中競秀葢盈吳氏之絳仙嫋嫋霍家之小玉故曰逸品又有絳唇玉貌膩肉

豐肌望靈芸於瓊樓閬苑麗華於萍井都自撩人總堪絕代故曰能品抑或媚色娟如粉香泆若徐孃老去畢竟風流潘妃到來猶然葢濫大雅不作餘響尚存故曰具品作花品表

神品	名品	靈品
天香一品	勝嬌容	合歡嬌
嬌容三變	醉玉環	轉枝
無上紅	新紅繡毬	妖血
赤朱衣 即奪翠	新紅奇觀 以上二花	礦面嬌

神品	名品	靈品
奪錦 附前花下	附神品新紅嬌艷	
大黃	妬榴紅	
小黃	榴花紅 附前花	
金玉交輝	花紅疊翠	
黃絨鋪錦	秋水粧	
銀紅嬌	老銀紅毬	
繡衣紅	楊妃深醉	
軟瓣銀紅	花紅神品	
碧紗籠	海棠魂 附神品海棠紅	

新紅嬌艷
宮錦
花紅繡毬
銀紅繡毬（附前花 花）
花紅萃盤
天機圓錦
銀紅犯（二種）
方家飛燕粧
飛燕紅粧

花紅平頭
花紅舞青霓
銀紅舞青霓（附前）
花紅魁
萬花魁
西萬花魁（以上三花同敘）
絳紗籠

海棠紅
新銀紅毬
方家銀紅（附前紅繡花毬）
碎瓣無瑕玉
青心無瑕玉（附前花）
梅州紅
綠花
萬疊雪峰（二花俱附）

杜鵑紅
楊妃繡毬（附神品花）
歹劉黃（附神品小黃）
大素
小素
素白樓子
玉帶白
玉玲瓏

金玉交輝
無名三種
纓金衣（以下拾遺）
五陵春
花紅獨勝
花紅無敵
閨艷
金屋嬌
嬌白（無雙）

碧玉樓
玉簪白
鸚鵡白
塞羊㳒
白鶴頂
玉板白（以上十一種共六一傳）
綠珠墜玉樓
佛頭青

雪素
獨粹

鳳尾花紅
太真晚粧
忍濟紅（附前花）
芳葉無瑕玉（附神品碎瓣無瑕玉）
平實紅（附神品金玉交輝）
銀紅錦繡
魏紅

褰幕嬌紅
梅紅剪絨
花紅纓絡
念奴嬌二種
漢宮春
墨葵
油紅
墨剪絨
墨繡毬以上四種同一
傳
中秋月
琥瓶灌朱
藕絲平頭
萬卷書
桃紅萬卷書附前
花
喬家西瓜穰
桃紅西瓜穰

進宮袍
嬌紅樓臺附前花
倚新妝
界破玉
花膏紅
堯英妝附神品金玉交
輦
張家飛燕妝附神品飛燕妝
銀紅艷妝以下拾遺
白屋公卿
賽玉魁
碧天一色
黄白繡毬
艷陽嬌
奇色映目
奇色獨占魁
銀紅妙品

連城玉
玉潤白
瑤臺玉露
氷清白
藕絲霓裳
珊瑚鳳頭
銀紅絶唱
二春魁

逸品
爪穰黄附神品小黄
卝霞
洛妃附神品金玉交輝
肉西
醉西
勝西施
香西施
觀音現

能品
珊瑚樓
蒨膏紅
大火朱
桃紅鳳頭
太真冠
馬家飛燕妝附神品飛燕妝
倚欄嬌

具品
王家紅
狀元紅
金花狀元
洒金桃紅
腰金紫
淡藕絲
紫舞青猊
大紅舞青猊

白舞青猊附名品花紅舞青猊
玉蘊紅
玉芙蓉
繡芙蓉
添色喜容
玉樓春雪
金精雪浪
銀紅魁附名品花紅魁

大嬌紅
嬌紅
五雲樓
玉樓觀音現
喬紅二種
玉兎天香
潔玉
紫玉
睡鶴仙

粉舞青猊
茄花舞青猊
藕絲舞青猊以上玉種附名品花紅舞青猊
藕絲樓子附名品藕絲平頭
大齊紅附能品大火珠
壽春紅
蓮蕋紅

張家飛燕妝
玉美人
輕羅紅
滿地嬌附能品倚欄嬌
無瑕玉附神品碎瑕無瑕玉
綠邊白附名品佛頭青
白蓮花
銀紅上乘

觀音面附逸品觀音現
桃紅舞青猊附名品花紅舞青猊
醉仙桃
素鸞嬌
脱紫留朱
花紅寶樓臺
玉樓春
醉猩猩

海天霞
羊血紅
四面鏡
石家紅
桃紅樓子
老僧帽
陳州紅
胭脂紅
平頭紅

采霞綃
胭脂界粉

鞓葉桃紅
大葉桃紅附名品鳳尾花紅
姤嬌紅附神品花紅綉毬
羊脂玉
玉繡毬
沉家白
平頭白

金線紅
大紅繡毬
大紅寶樓臺
彩霞紅
七寶冠
朱砂紅
細葉壽安紅
麤葉壽安紅
回回粉西

蓮來白以上五種附名品大素
醉楊妃附名品醉玉環
鶴翎紅
一百五
煙粉樓附名品魏紅
桃紅線
紅線附界破玉二花
藕絲繡毬附名品藕

細瓣紅
西天香
錣春芳
殿春魁
慶天香
水晶毬
玉天仙
粉紅樓子
勝天香

緋平頭
波斯頭附名品萬卷書
大添色喜容附逸品天色喜容

醉春容
粉繡毬
粉重樓
膩粉紅
勝緋桃
瑞香紫
紫姑仙
徐家紫
紫重樓

茄花紫
煙籠紫
即墨紫
葉底紫
茄色紫
茄皮紫
紫霞絡
丁香紫
平頭紫

紫繡毬

玉重樓

白剪絨

白纓絡

玉繡毬

玉盤盂

青心白

伏家白

鳳尾白

牡丹史　卷之一　十四

田賽白

玉兔白

汴城白

蓮香白

茄色樓

藕色獅子頭

表二　花之年

丘道源牡丹榮辱志云施之以天時順之以地利節之以人事其栽其接無竭無滅其生其成不縮不盈余故表其年使知衰殘之期時至事起而爲之接命焉牡丹子生者二年曰幼四年曰弱六年曰壯八年曰強秋接者立春曰弱穀雨曰壯三年曰強生與接俱不能無分分一年曰弱二年曰壯三年曰強八年曰艾十二年曰耆十五年曰老耆則就衰老則日敗再接再分就衰日敗者復返本而還元立春曰弱一年曰弱矣此駐顏之道年表最爲吃緊栽接生成按候而至天時地利人事之紀也

牡丹史　卷之一　十五

子：一年　二年（幼）　三年　四年（弱）　五年

接：秋分　立春（弱）　穀雨（壯）　一年　二年

分：一年（弱）　二年（壯）　三年（強）　四年　五年

六年 壯
七年
八年 發
三年 幼

六年
七年
八年 艾
九年
十年
十一年
十二年 耆
十三年
十四年
十五年 老

書

種一

種以下子言故重在收子喜嫩不喜老七月望後八月初旬以色黃爲時黑則老矣大都以熟至九分即當剪摘勿令日曬常置風中使其乾燥中秋以前即當下矣地宜向陽擇土宜細熟界爲畦畛取子密布上以一指厚土覆之旋即痛澆使滿甲之仁咸浸滋潤後此無雨必五日六日一加澆灌務令畦中常濕久雨則又宜疏

通之若極寒極熱亦當遮護苗旣生矣則又俟時三年之後八月之中便可移根使如其法可二年餘必見異種矣然子嫩者一年即芽微老者二年極老者三年始芽子欲嫩者取其色能變也種陽地者取其色能鮮麗也

栽二

牡丹雖有愛陰愛陽不同大都自亳以南喜陰不畏霜雪北地寒氣勁烈陰則多爲所傷以故不可一例言也又栽花不宜乾燥亦最惡汙下

江北風高土硬平地可栽江南卑濕須築臺高二尺許亦不可太高高則地氣不接栽法之要量其根之長短準鑿坑之深淺寬窄坑中心起一圓堆以花根置堆上令諸細根舒展四垂覆以軟肥淨土勿參磚石糞穢之物築土宜實不宜虛立秋至秋分栽者不可用大水澆灌止以濕土杵實恐秋雨連綿水多根朽重陽以後栽者須以大水散土滲實之布置每去二尺一本庶根不交互花自繁茂

分三

凡花叢大者始可分第宜察其根之文理以利鑿微引至襧襠之會乘其間而折之每本細根亦須存五六莖或一株分爲二繁者分爲三最要根幹相稱依法栽培以需其茂者也但分後花自薄弱而顔色盡失其故蓋洩氣使然耳不特根分而花弱色減即以全根原本移過別土亦必二三年而元氣始復花之豐跌正色始見况遠攜者乎今覔花者不知其故動疑僞投鮮不誣矣花移近處秋分前後無論已或二三百里外須秋分後方可不然有氣蒸根腐之虞千里外又須以土相和成漿以蘸花根謂之漿花花藉滋養稍久可耐又以蓆草之類包裹不使透風自無妨生意一人可負數十本多則恐致損折或近冬氣寒必加糠粃入裹中方妙

接四

風土記書接法不詳亦不甚中肯綮凡接花須於秋分之後擇其牡丹壯而嫩者爲母如一叢

數枝須割去弱者取強盛者存二三枝皆入土二寸許以細鋸截之用刀劈開以上品花釵兩面削成鑿子形插入母腹須看母之大小釵亦如之至于母口正者釵固削正母口斜者曲者釵亦隨其斜曲務要大小相宜斜正相當倘有本大而釵小者以釵就本之一邊必使兩皮湊合以麻鬆鬆纏之其氣庶幾互相流通蓋因脉理在皮裏骨外之故後用土封好每封覆以二瓦以避雨水俟月餘啟瓦撥土視母本發有新

芽即割去之仍密封如舊明年二月初旬又啟撥看視如前法葢一本之氣不宜洩於芽蘗始凝注於接枝本年花開倍勝原本矣若不以舊法接脩漫然爲之必無生理凡接須在秋分之後早則恐天暖而胎爛也養花之家先須以老本分移單栽候發嫩枝爲接花丹本也隆慶以來尚以芍藥爲本萬曆庚辰以後始知以常品牡丹接奇花更易活也故繁衍無旣

澆五

初栽澆足以後半月一澆旱則旬日一澆水不喜多亦厭其少多則根爛少則枯乾久栽之後如冬不凍兩旬一澆不澆亦無害正月二月宜數日一澆三月花有蓓蕾或日未出或下舂時汲新水一二日一澆夏則亦然惟秋時不宜澆澆則芽旺秋發明年難爲花矣吾鄉顏氏於花盛開時花下以土封池滿池注水花可多延數日澆用塘中久積水尤佳于新水以其水煖而壯故也澆水須如種菜法成溝畦以水灌之最省人力不然力不敷而花凋二月以後澆如不足花單而色減也

養六

新栽芽花遇冬月或以豆萁柳葉圍其根嫩枝不寒庶無損傷洛陽花記云以棘數枝置花叢上棘氣暖可以辟霜亦一法也久栽伏土根幹蒼老者不必爾牡丹好叢生久自繁冗當擇其枯老者去之嫩者止留二三枝一枝止留一芽二芽亦喜削盡傍枝獨本成樹至正月下旬根

下有抽白芽者即令削去花必巨麗謂之打剝根下宿草亦時芸之勿令蕪茂分奪地力花將開前五六日須用布幔蘆薄遮蔽不但增色自是延久若一經日晒神彩頓失秋後樹上枯葉不可打落葉落則有秋發之患或自落太早看胎將有發動須預以薄絹將胎縛嚴始免其病不然則明春花損矣

醫七

花或自遠路攜歸或初分老本視其根黑必是

朽爛即以大盆盛水刷洗極淨必至白骨然後
已仍以酒潤之本本易活諺曰牡丹洗脚正謂
此也間有土蠶能蝕花根螻蛄能齧根皮大槩
白花根甘多虫白舞青猊與大黃更甚凡花葉
漸黃或開花漸小即知爲蠹所損舊方以白蘝
砒霜芫花爲末撒其根下近只以生桕油入土
寸許蟲即死糞壞太過亦有虫病或病即連根
握出有黑爛粗皮如前洗淨另易佳土過一年
方盛此醫花之要

忌八

栽花忌本老老則開花極小惟宜尺許嫩枝新
筍忌久雨溽暑蒸薰根漸朽壞忌生糞鹹水灌
溉糞生則黃鹹水則敗忌鹽灰土地花不能活
忌生糞爛草之所多能生蟲忌植樹下樹根穿
花不旺忌春時連土動移即有活者花必薄弱
忌花開折長恐損明歲花眼牡丹記云烏賊魚
骨入花樹膚輒死此皆花忌也

傳

神品

天香一品　圓胎能成樹宜陰其花平頭大葉
色如猩血欲流一樹止留一二頭花盛且大極
莊重蘊藉有臺閣致出賈立家子生故一名賈
立紅又萬花一品色若榴實花房緊密揷架層
起而秀麗明媚如丹飾浮圖二花品格各異色
亦不侔風神自是高第

嬌容三變　初綻紫色及開桃紅經日漸至梅

紅至落乃更深紅諸花色久漸褪惟此愈進故
曰三變以余所見陰處陽處開者各不相類其
色之變亦不止於三也開必結繡而又艱澁須
以針微爲分晝之不然花蒂俱碎矣更宜接接
則此病差少置之陰地立夏後猶蔣然秀發間
有抱枝而槁者歐記中有添色紅綻即其種也
余以此品寄通侯張公袁石公過賞記爲芙蓉
三變原出方氏任典客購藏之任善辨花持枝
葉相訊應聲而別殆得花之神理者萬曆巳卯

先君得其種因廣之

赤朱衣　舊名奪翠得自許州花房瓣次而起緊實小巧體態婉孌顏如渥赭葉葉鱗鱗上人衣袂凡花於一葉間色有深淺惟此花内外一如流丹論色則天香一品難乎居後第一品之神氣生動諸花實莫能及也近復得奪錦一種大瓣深紅浮光凝潤尤過於奪翠尚未廣傳

無上紅　此花乃蜀僧居亳所種舊以僧名覺人遂呼爲覺紅又謂佛土所產而紅色無出其

右者乃易今名其胎紅尖花放平頭大葉房亦簇滿約有數層而艷過一品稍恨其單葉時多

大黄　綠胎最宜向陰養之愈久愈妙其花大瓣易開初開微黄垂殘愈黄簪瓶中經宿則色可等秋葵花原里中長老爲壽張蒼携歸藏李文學伯升家每花時閉户命酒自賞不易示人壬寅秋始分一本於南里園邇來備數家有之文學得花三昧善譚花理時一揮麈令人醉心

小黄　綠胎花之膚理輕縐弱於淵稍周有托瓣似仙宫逸弱水而風度瀟洒真凌波品也大黄何能方駕次有瓜穰黄者質亦過大黄殊柔膩靡曼但一房不過四五層而近萼處微帶紫故少遜耳又有劉黄者大瓣色質亦能媲美

金玉交輝　綠胎長幹其花大瓣黄蕊若貫珠皆幽房外層葉最多至殘時開放尚有餘力千大勝於鋪錦此曹州所出爲第一品曹州亦能種花此外有八艷粧蕊八種花也亳中僅得雲秀妝洛妃妝堯英妝三種雲英爲最更有綠花

一種色如豆綠大葉千層起樓出自鄧氏真爲異品世所罕見花叟石孺先得接頭後復移根俱未生豈尤物爲造化所忌歟又有萬疊雪峯千葉白花亦曹之神物亳尚未有

黄絨鋪錦　此花細葉卷如絨縷下有四五葉差濶連綴承之上有黄鬚布滿若種金粟其弱質妙態與色雖少遜於瓜穰黄而千滿易開歲歲不變則瓜穰黄又遠不逮矣以瓜穰名著故列於前

銀紅嬌　其花大瓣丰姿綽約如絳雪遶枝秀色迎人把玩可以樂饑牡丹中余所醉心真同看吳道子畫坐臥不能去矣

繡衣紅　肉紅胎花開平頭大葉亦梅紅色花瓣相映渾然有黃氣如琥珀光而明徹可鑒前代牡丹之名皆以氏以地以色兹以夏侍御所出者名繡衣云

軟瓣銀紅　幹長胎圓花瓣若蟬翼輕薄無礙其色等繡衣紅而上之

碧紗籠　出張氏向陽易開頭甚豐盈其色淺紅如秋雲羅帕實丹砂其中望之隱隱綠趺遮護更如翠幕障之坐上滿室清涼故又名疊翠嘗謂花中如銀紅嬌小黃軟瓣銀紅碧紗籠數種質之嬌怯不勝風露當爲築避風臺耳

新紅嬌艷　花乃梅紅之深重者艷質嬌麗如朝霞藏日光彩陸離又若新染未乾故名新紅極勝始成于葉尤出一品上緣歲多單葉故乃其病也方氏一種新紅繡毬趙氏一種新紅奇艷皆麗色動人然所傳多屢益以天香一品亂之

宮錦　此品碎瓣梅紅色開時必俟花房滿實方爲大放然後漸成纈暈玩之猶蜀宮新栽錦耳

花紅繡毬　紅胎圓小花開房緊葉繁周有托瓣易開且早綢繆布濩如疊碎霞命名繡毬者以其形圓聚也一種銀紅繡毬花微小而色輕亦殊秀雅又楊妃繡毬及妍嬌紅色俱類花紅繡毬而體勢不同

花紅萃盤　紅胎枝上綠葉窄小條亦頗短房外有托瓣深桃紅色綠趺重萼暎諸葉中如赤瑛盤欹側枝上

天機圓錦　青胎開花小而圓滿朱房嵌枝絢如剪彩名以天機殆非虛得

銀紅犯　有二種一紅艷過天香一品開花最難一色視一品稍淺易開却更姣麗俱長條大葉圓胎其花緊滿開期最後

飛燕妝　有三種一出方氏長枝長葉此花黃
紅最有神氣而風情閒麗輕妙迥別盛時出一
花於樹杪若進女弟於遠條也一出馬氏者雖
深紅起樓遠不及方一出張氏者乃白花類象
牙色差勝於馬獨方花可當宜主餘欲改名第
恐失其舊而難於物色姑並列焉

飛燕紅妝　一名花紅楊妃細瓣脩長嫩色生
嬌郄望如新妝可憐意態妍絕飄縹緲神仙也
得自曹縣方家飛燕妝庶幾近之

海棠紅　喜陽易開綠葉細長喜多秋發諸花
皆以紅極稱佳獨此品通體金黃兼有紅彩水
光熙耀如江天晚霞人謂似鐵梗海棠而活色
香豔皆過之盛時則房中四五葉參差突出故
病其不整齊亦不失為佳品其胎本紅在陰處
則綠春來亦復紅也大都花胎多四時變易耳
又一種海棠魂者謂得其神也亦石氏自許州
移至

新銀紅毬　方家銀紅二種色態頗類第樹頭
綠葉稍別其色光彩動搖如神女御慶雲冉冉
下人間耳

碎瓣無瑕玉・綠胎枝上葉圓宜陽乃白花中
之最上乘者其花明媚玲瓏如冰壺映月內外
澄徹雖趙璧隋珠不足貴也又一種如芹葉者
不及此又青心無瑕玉者豐偉悅人又一種葉
幹類大黃者亦名無瑕玉花色雖不逮碎瓣均
之佳品

梅州紅　性喜陰圓葉圓胎花瓣長短有序疎

密合宜色近海棠紅而神氣軒軒但近蔓處稍
紫出曹縣王氏別號梅州云

涼暑園新出三種俱未命名其花有梅紅色有
水紅色高闊俱七寸餘千葉起樓參嶺咸備今
將三年余僅得一見而燿日奪神果非凡物無
怪其主人之珍重也

名品

勝嬌容　深紅色最耐殘乃牡丹中大家也此
種如一莖有兩胎者善養家必剪其一即不剪

亦獨一胎能花花大可五六圍高可六七寸豐偉殊常披對奪人心目

醉玉環　方顯仁所種乃醉楊妃子花以太真小字別其名花房倒綴故以醉志之胎體圓綠葉幹扶疎不問陰陽最易成樹其花下承五六大葉濶三寸許圍擁周匝如盆盂盛花狀質本白而間以藕色輕紅輕藍相錯成爛真天孫神錦也其母醉楊妃作深藕色漸暗無味惟擠其大耳下此種不啻一階青出於藍矣

妬榴紅　胎圓如豆樹葉如菊最宜成樹早開應時色鮮如明霞結綺第不耐炎日久之色褪不殷勤護持則易成殘妝贋粉矣又有榴花紅者色近榴花而光艷明潤亦色生香

花紅疊萃　尖胎花身魁岸其下大葉五六層腰間簇積細瓣鬈曲碎聚頂上復出一層大葉花在綠樹之顛而紅光繚繞猶積翠池中着絳火樹光彩照人

秋水妝　肉紅圓胎枝葉秀長其花平頭易開花葉叢萃瑩如赤玉質本白而內含淺緋外則隱隱叢紅綠之氣夏侍御初得之方氏謂其爽氣侵人如秋水浴洛神遂命今名

老銀紅毬　花本深紅亦有水紅時而邊如施粉中如布朱其胎青紅宜陰陽相半所此萬曆初年王蓮子出之花至今猶足擅場

楊妃深醉　胎長花質酷似勝嬌容名深醉者謂其色深也此花不但巨麗亦芳香襲人梗幹婀娜嘗抑首如醉迎風盤旋如不勝春

花紅神品　花葉之末色微微入紅漸紅漸黃若暹日初烘灼灼有神命以花名頗非溢美蓋得自太康

花紅平頭　綠胎其花平頭濶葉色動如火幾欲然枝羣花中紅而照燿者獨此爲冠一入花林輒先觸目世傳爲曹縣石榴紅韓氏重貲得之邇來幾絕王氏田間藏一本購歸京畧園但頂稍渙散中露檀心又一種千瓣者南巢園有之凡花稱平頭謂其齊如截也

花紅舞青猊　宜陰老銀紅毬子花色亦似之開時結繡又有銀紅舞青猊及舊品中桃紅舞青猊紫舞青猊大紅舞青猊粉紅舞青猊茄花舞青猊藕絲舞青猊白舞青猊諸色皆從花中抽五六青葉如翠羽雙翹桃紅者謂之睡綠蟬以其結綠如合蟬狀諸品惟花紅者爲上白次之桃紅又次之餘不足入品豫章瀑泉王孫詠此花云寶闌風颭錦紛紛青紫仙標總出羣户外昭容露作縠掌中飛燕翠爲裙粧戚京兆眉

初嫵浴罷溫湯酒半醺還似清平李供奉宮袍新染殿前雲

花紅魁　出張氏以其色冠羣花也萬花魁者出李氏以其大冠羣花也又有西萬花魁者其巨麗尤甚而各臻妙境方氏別有銀紅魁亦自可人

絳紗籠　胎小花瓣有紫色一線分其中質紅如燭而幕以絳紗灼灼搖目媚人處不及碧紗籠

杜鵑紅　短莖綠胎樹葉尖厚花作深梅紅色細葉稠疊繁實如赤玉碎雕而成其本無論大小時至則開開亦甚繁千紅萬紫如騰赤鳳杜鵑安得方幅而談耶

大素小素　易開宜陰小素一名劉六白二花平頭房小初開結繡一叢常發數頭二種美無優劣如素白樓子玉帶白皎潔更出其上玉玲瓏碧玉樓如瓊樓玉宇又玉簪白謂白如玉簪花鸚鵡白謂類鸚鵡頂上毛賽羊絨謂細瓣環

曲如絨白鶴頂者色甚白而鶴頂殷紅取名不類可惟以上諸花皆能比肩稍次者沈家白平頭白遲來白羊脂玉玉繡毬種種奇葩總之咸冰雪瓊瑤極致也舊有玉板白其瓣兩頭平齊寬及寸許內外一等如柏板今傳者少

綠珠墜玉樓　長胎花色黯然厥葉輕柔葉半有綠點如珠堪擬石家小妹而風韻更似之故名其色類佛頭青而體異也

佛頭青　青胎花大重樓綠心綠瓣沿房如碧

大類綠萼梅李子酉先生得之於永寧王宮中先
考功以其花之清異易名萼綠華孽英凋盡而
此花始開可謂殿春大梁人名綠蝴蝶西人名
鴨蛋青蜀中舊品有殿碧即此花又一種綠邊
白者類佛頭青乃綠胎喜陰花葉有點如鈿邊
綠如黛而體質亦多逸氣弇州詩云百寶闌前
百艷明號家眉淡轉輕盈狂蜂采去初疑葉么
鳳藏來祇辨聲自是色香堪絕世不須紅粉也
傾城江南新樣誇天水調笑春風倍有情屠長

卿先生有云愁自殢意饒右書成從金谷化啼
痕兩公似與二花傳神

界破玉　此花如吳江白練花瓣中擘一畫如
桃紅絲纏宛如約素片片皆同舊品中有桃紅
線者乃淺紅花又非此種夏侍御新出一種類
界破玉謂之紅線線外微似雜色組文侍御沒
而花亦不見行於世

花膏紅　梗胎俱紅其花大葉若胭脂點成光
瑩如鏡片片疋當浣花溪側理安得更拈玉管
與之賦月寒山色耶但微恨其花房多散漫耳

鳳尾花紅　尖胎開卻平頭內外葉有數層皆
一等其色見於名名鳳尾者以葉似耳又緺葉
桃紅花瓣尖細層層密聚如簇絳綃第色澤少
暗嘉隆間最重之一時並出者更有大葉桃紅
其花稍不及緺葉因枝上綠葉名花者獨此三
品

太真晚妝　此花千層小葉花房實滿葉葉相
從次第漸高其色微紅而鮮潔如太真淚結紅

冰因其晚開故名曹縣一種名忍濟紅色相近
忍濟者王氏齋名

平實紅　此花大瓣桃紅花面徑過一尺而花
之大無過於此亦得自曹州

銀紅錦繡　宜陰花形開法俱似三變其色微
紅淺深得宜死然若繡而艷如唾染昭儀袖上
珍難喻也

魏紅　此種嘉靖初年仝氏自杞縣移亳內紅
尖胎樹葉綠如嫩柳此梅紅淺深相間價自傾

城開時倘鍾氣不足則花邊稍白三十年前亳人尚以黄金一筋乞魏花一本者今因漸多而價少減亭亭露奇眞色不厭姚爲王魏爲后信非虚語徐子與先生有祇應天上移春色莫向人間問魏家之句又有煙粉樓者色同魏紅而易開張氏子種花也

褰幕嬌紅　即縮項嬌紅長胎柳綠長葉因其莖短花在葉底狀似麗人新粧脉脉貯翠簾下其色梅紅起樓如千葉桃足爲助嬌花也別有

縮項一種葉單遠不逮此

花紅剪絨　花瓣纖細叢聚緊滿類文縠剪成大都與花紅纓絡同致道山先生謂已從香國深熏染更借花神巧剪裁此最當

花紅纓絡　長枝大葉其花易開疊瓣穠密外衛以五六大片似彤雲之綴朱房閃灼難狀

念奴嬌　品有二種俱綠胎能成樹出張氏者深銀紅色大而姣好其妖麗媚人求出朝霞之上值少轉喉引聲耳出韓氏者色桃紅大次之若並肩呈艶當遜張一籌

漢宮春　紅胎硬莖必獨本成樹方歲歲有花花葉直疎而立其色深紅富麗若醉春風名從青蓮漢宮句得之出張氏

墨葵　大瓣平頭又油紅高聳起樓二花明如點漆黑擬松煙最爲異色墨剪絨碎瓣柔軟墨繡毬圓滿緊聚其明潤雖不及墨葵油紅足甚近侍

中秋月　綠胎尖小花房差峩瑩白無瑕若月

印澄潭春時便有秋氣

琉瓶灌朱　樹葉微圓朱房攢密類隔琉璃而盛丹漿潤同赤玉微嫌葉單根紫遇千葉時亦白妙品

藕絲平頭　花葉微潤繁可數層俱有倫理乃藕絲中之傑者又藕絲繡毬好叢生易開而花小又藕絲樓子花大而房垂三種惟平頭爲上繡毬次之樓子不逮遠甚

萬卷書　色白葉作卷筒又桃紅萬卷書細瓣

如砌枝不禁花垂垂向下又有波斯頭者花葉如髮鬆大類波斯夷首此花雖高滿而色澤不佳土人謂郎萬卷書非是

喬家西瓜穰　尖胎枝葉青長宜陽出自曹縣花如瓜中紅肉色類軟瓣銀紅滑膩可愛仝氏有桃紅西瓜穰亦鮮麗如濯錦又大紅西瓜穰者當退舍矣

進宮袍　綠胎易開謂色如宮中所賜茜袍也其體質當以輕絨赤綃目之

嬌紅樓臺　胎莖似王家紅體似花紅繡毬色似宮袍紅而神彩充足又有一種極不堪者亦冒之魚目混真難逃賞鑒銀紅樓臺色有深淺花實與之表裏

倚新妝　綠胎脩幹花面盈尺豐肉膩理紅顏精爽大類緋桃色真銷恨樹也處陽不妨向陰愈妙出自曹縣

靈品

合歡嬌　深桃紅色一胎二花托蒂偶並微有大小日分雙影風合吹香此與轉枝一種皆造化之巧而轉枝之神更異

轉枝　一莖二花紅白對開記其方向明歲紅白互易其處神異若此明皇時一花四變其色豈欺我哉二花出鄢陵劉水山太守家亳中亦僅有矣鄢陵尚有萬卉含羞傳之者皆極口談其風神恨莫由致也

妖血　壬子歲於南里園偶見嬌容三變一樹數枝忽一枝出三頭紅艷絕色世無比類坐中

客皆駭異客曰此妖血也遂因名其他枝所開雖有淺深而無異於常歲

賾而嬌　南園於戊寅春鶴翎紅枝上忽開一花二色紅白中分紅如脂膏白如膩粉時郡大夫嚴公造賞呼爲太極圖余因六朝有取紅花取白花與兒賾面作光潔之詞乃易其名其花明春猶復故也再一歲遂成枯枿豈靈氣奪其精華耶

逸品

觀音現　白花中微露銀紅若氷肌慈容清靜
自在舊有觀音面好叢生色深花差大第平頂
而散爲共疵耳
非霞　胎長花房高峙層層漸起葉在柯端花
樓葉下色淺紅妍如流霞而霞不足以盡其態
故曰非霞微病難開亦佳品
肉西醉西　二花紅胎青葉圓大肉西出韓氏
此花平齊其色表裏如一而姿態亭亭似韻勝
者也醉西成樹易開色作粉紅其酡顏膩質若

飲熏醲以質勝者初以西施命名俗取其便以
一字呼之
勝西施　花大盈尺色粉白暈紅如碧縠映紅
膚春意撩人又一種香西施色亦相類花中香
氣郁烈惹人衣袂者獨此爲甚明皇云不惟萱
草忘憂此花香艷尤能醒酒可謂牡丹實錄濟
南詩云西施自愛傾城色一出吳宮不嫁人殊
增花韻
玉芙蓉　紅胎長葉花白而微紅易開耐殘更

善純陰可成樹其花孤標玉立閒淡如幽人別
有一種綳芙蓉亦相類俱出仝氏先考功種花
時獨仝氏善種藝且能遠近圖之故多佳種築
圃在西郊今有茂草之歎
添色喜容　綠胎柳綠葉宜陽易開花微小有
花瓣房以內色深外微暈淡丰艷咲靨若駐大
丹欣欣然欲忘老又一種青葉者名大添色喜
容花瓣參差色亦不遠
玉樓春雪　花大如斗色類秋水教其膏沐鮮

潔若瑶臺雪晃閃灼難定又一種玉樓春老色
類鶴翎紅氣宇瀟灑雨久漸茂但品非春雪之
比
潤脂界粉　粉葉朱絲文理交錯蔚然成章質
之妙麗亦潤心快目
金精雪浪　白花黃萼互相照映花瓣微潤而
厚優近藍稍紫常以此亂黃絨鋪錦菴欲惑花
客耳
玉美人　大葉色白如汀香粉而散淡閒雅似

別有一段幽情但神色稍不足耳

輕羅紅　花甚有致梅紅色輕稍著茜足以喻之葉端有玦如齒美彼化工佳品少植不知何故

白蓮花　出自許州此品明潔潤澤鮮瓣微圓層多房大幽澹過于蓮花其中黃心如線寸許儼如蓮蕊或氣弱葉單則成大瓣鬆散飄逸態殊絕倫

能品

珊瑚樓　莖短胎長宜陽色如珊瑚寶光射人更多芳香助其嬌艷以此關奇石衛尉當不忍下鐵如意也

藕膏紅　即如膏紅胎紅尖長此品亦梅紅色盛則花葉互峙弱則平頭紅光鮮澤堪擬守宮新血

大火珠　綠胎色深紅內外掩映若然光焰瑩流又有火齊紅者其花邊白內赤遠不逮火珠因二花並出一時人皆以寶珠名

桃紅鳳頭　肉紅長胎綠葉肥厚晚開大瓣高聳自下自上長短相承其形色如丹鳳舒彩燦然奪目更有一種小葉者次之

太真冠　長胎開早花瓣勁徤外白內紅高下有度頗類雲髻韓持國詩云仙冠裁樣巧指此也

倚欄嬌　肉紅胎淺桃紅色花頭長大嫵媚有醉舞倚欄之態沉香亭北令人遐想又一種滿池嬌千瓣成樹色澤亦過之今重倚欄者當以

致勝

大嬌紅　向陽易開色如銀紅嬌第葉單難與比肩然花陳中何可無此又一種嬌紅色如魏紅花微小而難接

五雲樓　花圓聚如毬稍長開則結繡頂有五旋葉邊有黃綠相間類五色雲氣

玉樓觀音現　花白難開開時如水月樓臺迥出塵外而莊嚴自在重以大士之名花與中秋月小異

嬌紅　有二種皆紅胎色深重近木紅一千滿
一開早俱出沈氏
玉兔天香　青紅胎其花粉色銀紅二種一早
開房微小一晚開房最大中出二〻瓣如兔耳小
者因其難開多不植
潔白　白花鮮潔有光映人出朱氏舊有紫玉
者花最大白瓣中紛布紅絲盤錯如繡
睡鶴仙　色淡紅宜陰其大如倚新粧花心出
二葉横陳房顛狀若嬰兒並臥乃舊品中之最

殊者
醉仙桃　宜陰胎紅而長稍覺難開其色內則
桃紅外則淺白芳菲時不啻玄都武陵歲歲相
逢增我桃花人面思耳
素鸞嬌　輕紅白花諸花外白而內紅獨此白
外微紅近蔕處尺淺在洛則曰倒暈檀心寔一
花〻名也
脫紫留朱　先紫而後深紅又花紅寶樓臺者
亦然每於凋落之際色始呈嬌

醉猩猩　沈氏首出之花易開色深紅中微帶
檀紫亞於花紅平頭緊密處却勝
鶴翎紅　其花輪囷緊密本肉紅而末白永叔
謂如鴻鵠羽毛舊品中最有聲價今人厭其重
濁稍抑之
一百五　此品謂冬至後一百五日即開白如
吳練花大經尺先年最多近養花者不植
具品
王家紅　胎紅尖微曲宜陽其花大紅起樓亳

之牡丹初種可稱花中鼻祖圖故常留一二以
祀東帝
狀元紅　成樹宜陽蜀天彭譜謂重葉深紅色
與鞓紅潛溪緋相類而天姿富貴彭以冠花品
故名狀元弘治間得之曹縣又名曹縣狀元紅
又一種金花狀元紅者宜陽大瓣平頭微紫每
瓣有黃鬚今絕少
灑金桃紅　黃鬚滿房皆布葉顛點點有度羅
如星斗別有攢金紫者腰間黃鬚一圍花則不

及灑金
淡藕絲　如吳中所染藕色綠胎紫莖樹葉圓
厚花平頭盛亦起樓瓣中一淺紅絲相界宛似
纖手紋淡中之艷亦甚憐愛　壽春紅胎瘦小
蓮蕋紅瓣似蓮花　海天霞平頭大如盤
羊血紅微紫　四面鏡有旋葉　石家紅葉稀
桃紅樓子小葉大紅皆起樓　老僧帽一花
五葉兩葉相參而立旁兩葉佐之一葉遮其後
花雖單薄亦稱異種也最下者如陳州紅　胭

脂紅　平頭紅　金線紅　大紅綉毬　大紅
寶樓臺　彩霞紅　七寶冠又名八寶旋心
朱砂紅　麤細葉壽安紅以上皆大紅　回回
粉西細瓣紅外深內淺　西天香開早嬌麗三
四日則漸白　殿春芳粉邊　殿春魁平頭
慶天香　水晶毬　上天仙　粉紅樓子　勝
大香　醉春容　粉繡毬　粉重樓　膩粉紅
有托瓣赤根　勝緋桃今絕少以上皆粉紅
瑞香紫　紫姑仙皆大瓣　徐家紫　紫重樓

皆難開　茄花紫　茄皮紫　烟籠紫　郎墨
紫　葉底紫　茄色紫　紫纓絡　丁香紫
平頭紫歐譜謂之左花　紫繡毬以上皆紫花
玉重樓　白剪絨又名白鋸齒白　白纓絡
玉繡毬　玉盤盂　青心白　伏家白　鳳
尾白　出嘴白　玉兔白　汴城白　蓮香白
香如蓮花瓣亦如之以上皆白花　茄色樓
藕色獅子頭皆藕色　羣英品色雖各不同亦各
有一端佳處但春色中差薄於諸花人耳然名

品多出此輩子生而繁栽廣植可備秋接之具
至兒女之戲簪醉客之狂折何可少此
按記載天佑元年滄州觀察使記謂冀王宮中
花以五十種分為三等九品而潛溪緋平頭紫
居正一品平頭紫紫花大徑尺亳多而賤之惟
潛溪緋者亦紫花忽於叢中抽出緋色一二朵
明年移在他枝洛人謂之轉枝今靈品內有紅
白互相換之轉枝疑其是也其種出潛溪寺故
名又按蜀天彭譜有紅花二十一品紫花五品

黄花四品白花三品碧花一品未詳者三十一
品今亳所有紅品相同者醉西施彩霞紅油紅
陳州紅瑞露蟬即桃紅舞青猊雙頭紅即靈品
中合歡嬌碧花謂歐碧者或即佛頭青也其餘
若獻來紅丹州紅延州紅鹿胎花蓮花萼眞珠
紅一捻紅及姚黄牛家黄鞓黄甘草黄者皆屬
未聞亳州諸花與洛譜合者頗多與彭譜不過
十一豈蜀道遼遠相傳者遂少耶抑地迥而名
異耶俟再考定

拾遺

史既行明年春有東郭老叟謂余爲花知友具
壺觴邀余至其家所藝諸花皆耳目之所未嘗
聞見者不下三十餘種問之皆從四方所得其
中或色可消魂態可醉心大可駭目弗克名狀
嗟何見之晚也亟收之卷後名曰拾遺表中仍
爲分列繫於各品

縷金衣　產自許州房高莖長碎瓣綺錯其色
紅極無類可方謝在杭工部詩云恍如燭龍銜
燿倒挂珊瑚枝明珠萬斛光琉璃又如妃子初
入浴香水滑膩流胭脂極狀其溫潤艷麗花之
神韻尤入勝位大都斯品一出諸花不免落第
可爲神品之冠

花紅獨勝　魚鱗小瓣層層相承紅如積血欲
濺几閣又一種花紅無敵小葉聚集重樓巍然
色亦相類

五陵春　奇色映日　二花大葉龍莖樓臺盤
鬱色如晴光射水金采絢目

閨艷　絨瓣纖細又金屋嬌層層分碎葉斐疊若
樓二者談閨閣豔質翠衣霞裳嬌姿自媚而賞
鑒者情自不薄

艷陽嬌　小瓣梅紅春風蕩漾流霞滿樹而紅
香飛越

嬌白無雙　楚素君　白屋公卿　連城玉皆
千層大瓣　黄白綿毬　玉潤白　賽玉魁
冰清白　碧天一色俱碎瓣起樓　瑤臺玉露
絨葉緊聚　雪素葉繁蘂香　王家大白大過

諸花大凡白花病在赤根又恐枯澁無態以上衆品雪質霏微素心自照不以色媚其色實在相外也

藕絲霓裳　此花面徑八寸許其大無外色澤亦佳

三春魁　多葉桃紅覽莖其枝房出樹表大亦可愛

銀紅妙品　銀紅艷妝　銀紅絶唱　俱下布數片大葉中間細瓣攢積又一種銀紅上乘大

瓣簇滿其色皆如其名楊光泛采逸韻非常閒雅之致嫣然可人

采霞綃　千層大葉積潤凝光而色如蒨練

珊瑚鳳頭　房開大瓣光同翕艶可以染絳橫出枝杪如日照火珙又出奇色獨占魁及獨粹二種衡量者謂能與衆花爭長余但見其蓓蕾未見其開放也

外傳

花之氣

牡丹分栽接種俱在秋乃以秋爲春也胎則坐於初夏長於秋養於冬實於春胚胎凡經十有二月鍾四時之氣乃傑於穀雨數日耳所開之早晚是各花稟性異也

花之種

花房不同者有六等有平頭有樓子有繡毬有大葉有托瓣有結繡平頭者欲充實樓者欲高

聳繡毬者欲圓滿大葉者欲蘢蔥托瓣者欲緊簇結繡者欲活潑反此爲八病

花之鑒

花佳處亦有十等曰精神曰天然曰嬌媚曰豐偉曰溫潤曰輕妙曰香艶曰飄逸曰變態曰耐殘各有攸當

亳州牡丹史卷之一

別傳

紀園

常樂園

先大父西原公議禮歸田小築丘園去城南可二里小逕透迤灌木交蔭逕窮得園園內文石玲瓏嶙然玉立石後茅屋數椽不事雕飾顏曰大寧齋齋後有亭亭西有軒軒外叢篁間多集名人題詠齋東過荆扉有亭曰瑩心喬大宰白巖小篆也鑿池環亭荷香斷續遊魚上下公時嘯傲其間郡志云公自吏部歸絕意仕進營園自適暇則曳屐隴畔蔭樹臨流與漁父田翁相問答泊如也晚年潛心性命檢燕註經爲詩書樂地亳之有牡丹自兹園始洗石田先生題牡丹云天於清高補富貴人從草木寄文章可以爲志今亭池雖圮塞竹石尚存園初以獨樂命名後馬中丞易爲今名

南園

先府君西泉公繼常樂而搆者也郡志云薛氏南園表裏燦如蜀錦與常樂爲肘腋高槐四蔭常臺夾輔相傳臺爲魏武所築無稽也考功公詩曰人非九品羲皇上園似千花佛界中得其似矣往李尚寶伯承謫居吾郡公暇輒造之過來與諸昆冉劃左曰似漆園穿竹徑入得來風軒稍進爲迷花塢塢後小榭曰春海右曰西園中爲醉月亭當秋空月淨松陰滿地如積水浮藻迤北則聽雪齋迤南疊石爲山奇敧鬼負上

安方榭下引曲澗澗口臨流足以垂釣池上有閣足以眺遠中曰清華園余有也入門爲湛露堂堂東地棠數百本延蔓甚遠繚以爲垣曰棠蹊循蹊逶梅梁館館前平橋小逕迤出堂後入館西扎經松關曰碧界銀杏參差高可摩霄就行列者維四其間隙地廣十許丈重陰如幄環以闌楯甃以龍石盤礴其下煩暑如秋署曰美蔭過此則浴霞樓樓下環植牡丹如千本凭軒俯視恍如初日盪潮而繁星浴霞也樓東入花

洞曰宛委春出洞皆紅樹秋林林腹爲韻齋樓之北曰煙條館西有小舫曰千花供由舫而前登松檀曰泛濤因爲飛梁渡記花閣白木香一本膚如龍鱗枝葉盤鬱匝二楹蓋百年木也花開類袁安雪舍流香不散者累月因顏其亭曰繁香歷抱甕軒而出復達湛露堂園雖因牡丹而著其四時芳菲足以游目千尺長松亦堪踞嘯

東園

在考公祠前牡丹雖不數畝而多名種以地僻遠喧囂蒼松古栢虬枝勁幹干霄摩雲人謂挾黃庭一卷偃仰其間自是太古逸民兹園足以當之爲兄子先春別業先春工臨池饒逸韻

松竹園

王別駕謙夫博雅君子也早年從考功公遊因創園去常樂不數武有茂林修竹之勝茅齋數間錯置幽曠處深嗜牡丹凡竹間隙地皆種之因愛佛頭青所種極多今花竹半殘園亦分裂矣

宋園

故將軍宋氏於嘉靖間搆此園城西北亭臺畢具竹樹交錯中種牡丹數百本亦懨心賞近歸賈水部矣

楊園

袁強承楊君解官還亳不樂居闤闠築園南郊樹長松蒔名花疏池疊石爲終焉之計晚歲諸子或謀以售人人告之君曰吾兒不欲老夫與

草木同朽腐耳其曠達如此花不甚奇而主人韻勝

樂園

在郭北門對清流松逕逶迤齋舍整潔牡丹數畝最多精品主人不涉書能選勝結客樂意丘園哉亦可人在隆萬間喜覓異花與人鬬奇自是人遂知有顏布衣也

涼暑園

李典客繼之有別業在城東隅因宋黃太史有

涼暑署書遂以名園中搆亭榭間以茅屋竹樹蓊蔚稱佳境矣典客博洽兼有花嗜牡丹芍藥各以區別入園縱目如涉花海茫無涯際花至典客精妙絕倫然所以能甲諸園獨步上乘者皆平頭李仁力也仁自有花癖解趣故主人不勞心而絕色日新

南里園

夏侍御贊禹壯年致放慕考功公爲人遂築園於常樂之右中開四照亭妙選名花雲蒔左右

復架木爲長廊編花成障而奇石佳樹相映帶飛榭小軒遊屐莫窮其境日與山人羽客徜徉其間時牡丹與涼暑園爭盛自侍御物化遂爾寥落每一經過松風嗚嗚不啻聽雍門彈矣

且適園

李方岳正屏公往給事瑣闈時間歸築園林香竹色茵閣草堂栢障花茵信休休佳境其中牡丹更饒名品園在常樂園東

庚園

城西隅積水成沼可容小舠採蓮舉網甚適也傍水有故揮使宅李文學培卿買而爲園讀書之暇輒經營位置凡數年始足遊覽重門之內有鬱金堂崇基軒敞最能受月堂後有樓飛甍迢遞可納城西野色左則萬井參差右則百雉倒懸水面東叩板扉穿花逕低亞回折署曰春迷穿花壁登生趣亭望小山叢桂迤北牡丹深處有環芳亭綺錦模糊萬紅刺目橫軒而過爲沼沿沼垂柳踈桐沼心有秋水亭其修遠大雅

儼然廣陵梅花嶺也當暑披襟涼颸倏然又西爲松寮爲快軒嘉樹權枒攢植美箭蕭蕭結廬在人境而無車馬喧茲園是也

郭氏園

園在余南園左灌道分遶竹木叢生有崇丘古墟連絡可里許使主人具丘壑趣少綴飾以亭樹之屬便是勝地牡丹芍藥品亦差備

李叔子園

亳無山水惟城東南林木鬱然墟煙縹緲最稱

盛地舊有高氏廢園址故小監李叔子仁卿得而拓之四匝種竹中分門逕結柔花爲屏障緣以雙廊如複道屈曲勾通令遊人低回自失登堂而東折乃漱芳亭襍英繡紛林木茂密擁流雲聽幽禽大有佳致亭後有軒艶花界畫如鋪錦茵方今鼎新茲始正未知如何弘修以延春色也

嬾園

余友王仁子別墅即其先壠旁誅茅小搆花木

亭館具體而微中架翠柏爲長廊複道幽然亦小有致但主人嬾甚付九付園丁惟上塚時及文債牽嬲一跨衛至其地嘯詠移時而去若他人莵裘竟不問也長年閉戶擁書自娛間與吾輩一雅集嘗笑謂余以吾小築視公等園何止夜郎王與漢然比吾家君公牕牛處差勝耳斯其人可知已

韓家園

城東三里許張家渡京齊民韓氏有宅數畝門枕渦水週以女桑柳棋結籬種牡丹其中接花從韓氏方盛取利亦從韓始今園歸彭幼隣文學

方氏園

方氏地數十畝盡種是花時遊人四集惜無亭榭可憩也然城南水土與花特相宜而更精栽接剔治之法用力亦勤萬曆以來奇花出方氏者種種近有花戶王世廉地畝花數與方相當談者謂多得之偷兒故諸園之妙品多集於斯

單家莊

去城十八里長河迤南故沃壤單氏爲亳椽以餘力種牡丹盃獲利凡有所見無論本土新生別鄉初至輒致之且能爲花王護法即達官貴人以至好事者莫能取故牡丹尤備於諸園凡遠近市奇花者必先單氏馬

風俗記

吾亳以牡丹相尚實百恒情雖入園花而繫情

花亦因人而幻出討一歲中鮮不以花爲事者方春時則灌花芽生寸許則剪花甫至穀雨則連袂結轍以看花暨秋而分而接入復爲之旁午是所餘者特冬時三月耳然一當花期互相物色詢某家出某花某可以情求某可以利得異種者獲一接頭容秘不啻十襲名園古刹尤稱雅游若出花戶輕儇之客不惜泉布私諸砌上爭相誇詡又截大竹貯水折花之冠絕者闘麗往還一國若狂可賞之處即交無半面亦肩

摩出入雖負擔之夫村野之氓輟務來觀入暮攜花以歸無論醒醉歌管填咽幾匝一月何其盛也其春時剪芽雖多不棄沃以清泉驅苦氣曝乾瀹茗清遠特甚殘花則鉏園丁藏之可佐鼎食即眉山以酥煎之意根皮購作藥物亦爲花戶餘潤吾鄉檢校此花已無餘憾昔六一公四經洛陽春止見其早晚嘗自悔未逢全盛生長於斯清福可偏但過眼繁華觀空者寧堪濡首

卷之二

亳州牡丹史卷之三

郡人薛鳳翔著

同郡 李文熾 李文友 校

花考

段成式雜俎云牡丹前史中無説處唯謝康樂集中言竹間水際多牡丹成式檢隋朝種植法七十卷中初不記説牡丹則知隋朝花中所無劉賓客嘉話云世謂牡丹花近有蓋以前朝文

士集中無牡丹歌詩然楊子華有畫牡丹處極分明子華北齊人則知牡丹花亦多矣又海記云煬帝闢地二百里爲西苑詔天下進花卉易州進二十箱牡丹赭紅赬紅飛來紅袁家紅醉妃紅雲紅天外紅一拂黄軟條黄延安黄先春紅顫風嬌等名按神農本草已載又博雅白茉牡丹也可見前代久有此花或未之顯至唐始重故著也

開元禁中種木芍藥得數本紅紫淺紅通白者

上因移植於興慶池東沉香亭前會花方繁開上乘照夜白妃以步輦從乃命李龜年持金花箋宣賜李白進清平調詞三首上命梨園子弟歌之（太真外傳）

明皇與妃子幸華清宮因宿酒初醒凭妃子肩同看木芍藥帝親折一枝與妃子遞嗅其艷帝曰不惟萱草忘憂此花香艷猶能醒酒（天寶遺事）

武后冬月游後苑花俱開而牡丹獨遲遂貶於洛陽故言牡丹者以西洛爲魁首（事物紀原）

開元末裴士淹爲郎官奉使幽冀迴至汾州衆香寺得白牡丹一窠植於長興私第天寶中爲都下奇賞當時名士裴給士看牡丹詩又房琯有言牡丹之會琯不與焉至德中馬僕射總鎮太原又得紅紫二色者今則至多與戎葵比矣

興唐寺昔有一株開花一千朶有正暈側暈紅紫黄白之色各不同（酉陽雜俎）

楊國忠初以貴妃專寵上賜以木芍藥數本植于家國忠以百寶妝飾欄楯雖帝宮之内不可及也又云用沉香爲閣檀香爲闌以麝香乳香篩土和爲泥飾壁每於春時芍藥盛開之際聚賓友於此閣上賞花焉禁中沉香亭遠不侔此壯麗也（開元花木記）

明皇宮中牡丹品最上者御衣黄次曰甘草黄次曰建安黄次皆紅紫各有佳名終不出三花之上他日宮中貢一尺黄乃山下民王文仲所接也花面幾一尺尚數寸祗開一朶絳幃籠護之帝未及賞會爲鹿啣去帝以爲不祥有佞人

奏云釋氏有鹿啣花以獻金仙帝私曰野鹿遊宮中非佳兆也殊不知應祿山之亂（青瑣高議）

洛人宋單父字仲孺善吟詩亦能種藝術凡牡丹變易千種紅白鬭色人亦不能知其術上皇召至驪山植花萬本色樣各不同賜金千餘兩内人皆呼爲花師亦幻世之絕藝也（異人錄）

太祖一日幸後苑賞牡丹召宮嬪將置酒得幸者以疾辭再召復不至上乃親折一枝過其舍而簪於髻上上還輒取花擲之上顧之曰我辛

勘得天下乃欲一婦人敗之耶即引佩刀截其
脘而去
長安貴游尚牡丹三十餘年每春暮車馬若狂
以不就玩爲耻人種以求利一本有數萬者元
和末韓弘罷宣武節制始至長安私第有花命
折之曰吾豈效兒女輩耶國史補羅隱云自從韓令功成後辜負濃華過此身
白樂天初爲杭州刺史令訪牡丹花獨開元寺
僧惠澄近於京師得之始植於庭欄圈甚密他

處未之有也時景方深惠澄設油幕覆牡丹自
此東越分而種之矣會徐凝自富春來不知而
先題詩云云白尋到寺看花乃命徐同醉而歸雲溪友議
長安三月五日看牡丹奔走車馬慈恩寺元果
院牡丹半月開裴璘一作盧綸題詩於佛殿東頭虛
壁之上云云太和中文宗自夾城出芙蓉園幸
此寺見所題詩吟玩久之因令宮嬪諷念及暮
此詩滿六宮矣南部新書

王蜀號其苑曰宣華權相勳臣競起第宅上下
窮極奢麗皆無牡丹惟蜀主舅徐延瓊聞秦州
董成村僧院有牡丹一株所植年代深遠使人
取之掘土方丈盛以木櫃自秦州至城都三千
餘里歷九折七盤望雲九井大小漫天懸險之
路方至焉乃致之新第至孟氏於宣華苑廣加
栽植名之曰牡丹苑廣政五年牡丹雙開者十
黃者白者三紅白相間者四後主宴苑中賞之
蜀總志

長安興善寺素師院牡丹色絕佳元和末一枝
花合歡酉陽雜俎徐仲雅題合歡詩云平分造化中分去折破春風兩面開
時彭門爲輔郡典州者多其戚里得之上苑而
彭門花之所始也天彭亦爲之花州而牛心山
下爲之花村成都記
蜀平花散落民間小東門外有張百花李百花
之號皆培子分根種以求利每一本或獲數萬
蜀總志
洛中舊品獨以姚魏爲冠天彭則紅花以狀元

紅爲第一紫花以紫繡毬爲第一黄花以禁苑黄爲第一白花以玉樓子爲第一彭門牡丹在蜀爲第一洛陽花最盛獨彭門有小洛陽之稱宋景文師蜀以彭門牡丹錦被堆爲第一 成都記

姚黄初出邙山白司馬坂下姚氏酒寺水北諸寺間有之府中多取以進魏紫出五代魏仁浦樞密園池中島上初出時園吏得錢以小舟載游人往過他處未有也牡丹記云白司馬坂其地屬河陽然花不傳河陽傳洛陽洛陽亦不甚

多一歲不過數朶 郭氏聞見錄

冀王宫花品以五十種分爲三等九品潛溪緋平頭紫居正一品姚黄居其下景佑元年觀察使記

張鎡宴客牡丹會既集坐一虚堂寂無所有俄問左右云香發未答云已發命卷簾則異香自内出郁然滿座羣妓以酒殽絲竹次第而至别有名妓數十首戴牡丹衣領皆繡如其色歌昔人所作牡丹詞進酌而退前後花與妓凡十易盃器皆如其色酒竟衆者無着數百人列行送客燭光香霧歌吹雜作恍然若仙遊

孟蜀時兵部尚書李昊每將牡丹花數枝分遺朋友以興平酥同贈且曰俟花凋即以酥煎食之無棄穠艷其風味貴重若此 復齋漫錄

兩京牡丹聞於天下花盛時太守作萬花會宴集之所以花爲屏帳至於梁棟柱栱悉以竹筒貯水簪花釘掛舉目皆花也 墨莊漫錄

文宗朝朔方節度使李進賢第階前有牡丹數

叢皆覆以錦幄 劇談錄

僧仲殊越中牡丹花品序云越之好尚惟牡丹其絶麗者三十二種豪家名族梵宇道宫池臺水榭植之無間賞花者不問親疏謂之看花局澤國此月多有輕雨微雲謂之養花天里語曰彈琴種花陪酒陪歌丙戌歲八月十五移花日序丙戌雍熙三年也

洛中花工宣和中以藥壅培於白牡丹如千葉紫一百五玉樓春等根下次年花作淺碧色號

歐家碧歲貢禁府價在姚黃上賞賜近臣外庭
所未識也墨莊謾錄
高宗後苑宴羣臣賞雙頭牡丹賦詩上官昭容
一聯絕麗所謂勢如連璧友心似臭蘭人唐史
富鄭公留守西京召文潞公等賞牡丹邵康節
在坐客曰此花有數乎邵筮之凡若干朵又問
此花幾時開盡邵再筮曰盡來日午時明日鄭
公後集會以驗之至日午忽羣馬逸出踶嚙花
叢花立盡矣

會昌中有朝士數人尋芳至慈恩寺遍詣僧室
時東廊院有白花可愛相與傾酒而坐因云牡
丹未識紅深者院主老僧微笑曰安得無之但
諸賢未見耳朝士求之不已僧曰衆君子欲看
此花能不泄於人否朝士誓云終身不復言僧
乃引至一院有殷紅牡丹一窠婆娑幾及千朵
濃姿半開炫燿心目朝士驚賞留戀及暮而去
信宿有權要子弟至院引僧曲江閑步將出門
令小僕寄安茶笈裹以黃帕於曲江岸藉草而
坐忽有弟子奔走而來云有數十人入院掘花
禁之不止僧俛首無言惟自吁嘆坐中但相矜
而笑既而却歸至寺門見以大畚盛花舁而去
徐謂僧曰竊知貴院舊有名花宅中咸欲一看
不敢預告恐難見捨適所寄籠子中有金三十
兩蜀茶二斤以爲酬贈
張茂卿好事其家西園有一樓四圍植奇花異
卉殆遍常接牡丹於椿樹之杪花盛開時延賓
客推樓玩焉

唐玄宗內殿賞花問程正己京師有傳唱牡丹
者誰稱首對曰李正封詩云國色朝酣酒天香
夜染衣時貴妃方起因謂妃曰妝鏡臺前飲一
紫金盞酒則正封之詩可見矣
韓文公姪湘落魄不羈嘗命作詩見志云會造
逡巡酒能開頃刻花有人能學我同共看仙葩
公曰子能奪造化權乎湘曰此事何難因取土
以盆覆之俄生碧牡丹二朵花間擁出金字一
聯云雲橫秦嶺家何在雪擁藍關馬不前日事

久可驗後公謫潮州至藍關遇雪乃悟

唐李進賢好賓客屬牡丹盛開以賞花爲名引賓歸内室楹柱皆列錦繡器用悉是黄金堦前有花數叢覆以錦幄妓妾俱服紈綺執絲簧善歌舞者至多客之左右皆有女僕雙鬟者二人所須無不必至承接之意常日指使者不如芳酒綺殽窮極水陸至於僕乘供給靡不豐盈自午迄於明晨不覩杯盤狼籍

唐末劉訓者京師富人京師春遊以牡丹爲勝

賞訓邀客賞花乃繫水牛累百於門人指曰此劉氏墨牡丹也

諸葛頴精於數晉王廣引爲參軍甚見親重一日共坐玉曰吾卧内牡丹盛開君試爲一筮頴持越策度一二子曰牡丹開七十九朶王入掩户去左右數之政合其數但有二蕋將開故倚闌看傳記伺之不數十行二蕋大發乃出謂頴曰君筭得無左乎頴再挑一二子曰吾過矣乃九九八十一朶也王告以實盡歡而退

神異

開元遺事云初有木芍藥植於庭前其花一日忽開一枝兩頭朝則深紅午則深碧暮則深黄夜則粉白晝夜之内香艷各異帝謂左右曰此花木之妖不足訝也

尊賢坊田弘正宅中門外有紫牡丹成樹後發千餘朶花盛時每月餘有小人五六長尺餘遊於花上如此七八年人將掩之輒失所在酉陽雜俎

元和中春物方妍車馬尋玩者相繼忽有女年

可十七八衣繡綠衣乘馬峩髻雙鬟無簪珥之飾容婉娩迥出於衆從以二女冠 三小僕皆丱髻黄衫端麗無比既下馬以白羽扇障面直造花所異香芬馥聞於數十步外觀者以爲出自宫掖莫敢逼視竚立良久令小僕取花四枝而去將乘馬廻謂黄冠者曰曩有玉峯之約自此可以行矣時觀者如堵咸覺景物煇煌舉轡百步有輕風擁塵隨之而去望之已在半空方悟神仙之游餘香不散者經月康駢劇談

錢仁伉尚父之孫也爲元帥府中書檢校司徒
與中軍都虞侯金沼鄰居沼所居堂東植牡丹
花一本着花三百朶其色如血謂之金含稜每
瓶子頂上有碎金絲如自然蛺蝶之狀一城爲
殊異每歲花開張宴仁伉預焉開寶七年春三
月纔一兩朶開仁伉一夕洪飲擊劒裎服中單
背負大盤左手攜籃腰插大匕首踰墻而過沼
中外無知者鋤取牡丹置盤中乃平其地空中
聞有呼嘆之聲微細若游蜂者辭曰一花千百

朶含笑向春風明年三月裏朶朶斷腸紅仁伉
異之移植于亭後明日沼覺失花爲非人力所
及來年花盛開乃宴召沼沼一見無語得疾以
歸至夜憤悶不已以刀决腸而卒腸皆寸寸斷
果符空中之語　洞微志

穆宗禁中牡丹花開夜有黃白蛺蝶數萬飛遶
花間宮人羅撲不獲上令網空中得數百遲明
視之皆庫中金玉狀工巧宮人爭用絲縷絡其
足以爲首飾

淳熙三年二月桑子河堰東孝里莊園有牡丹
一本無種而生明年三月花盛開始知紫牡丹
也過者皆往觀之有杭州觀察推官東過通州
見花甚愛欲移分一株掘土深尺許見一石如
劒長三尺題曰此花瓊島飛來種只許人間老
眼看遂不敢移以是鄉老有生旦値花開時必
造花下飲酒爲壽聞亦有約明日造花所而花
一夕凋謝者多不吉惟一人李嵩者三月八日
初度自入于看花至二百九歲而終　如皐志

李太白攜酒賞牡丹乘醉取筆蘸酒塗之明晨
嗅枝上花皆作酒氣

明皇時有獻牡丹者謂之楊家紅乃楊勉家花
也命力士將花上貴妃妃方對妝用手拈花時
匀面脂在手即落於花上帝見之問其故妃以
狀對上詔於仙春館栽來歲花開上有指印紅
迹帝賞花驚異其事乃名爲一捻紅後樂府中
有一捻紅曲　青瑣高議牡丹記云一撚花者多葉淺紅花葉抄深紅一點如人以三指撚之

方術

經曰辛寒無毒明醫別錄云苦微寒神農岐伯曰辛雷公曰苦無毒相君曰苦有毒

蘇恭曰生漢中劒南苗似羊桃夏生白花秋實圓綠冬實赤色凌冬不凋根似芍藥肉白皮丹土人謂之百兩金長安謂之吳牡丹者是眞也今俗用者異於此別有燥氣

蘇頌曰今出合州者佳和州宣州者並良白者補赤者利

又云丹延青越滁和山中有黃紫數色此當是山牡丹其莖梗枯燥黑白色二月于梗上生苗葉三月開花其花與人家所種者相似但花瓣止五六葉爾五月結子黑色如鷄頭實大根黃白色可長五七寸大如筆管近世人多貴重欲其花之詭異皆秋冬移接培以壤土至春盛開其狀百變故其根性殊失本眞藥中不可用此絕無力也人家所種單瓣者卽山牡丹

宗奭云牡丹花亦有緋者深碧色者惟山中單葉紅花者根皮入藥爲佳市人或枝梗皮充之尤謬

時珍云牡丹惟取紅白單瓣者入藥其千葉異品皆人巧所致氣味不純花譜載丹州延州以西及褒斜道中最多與荊棘無異土人取以爲薪其根入藥尤妙

雷斆云凡採得根日乾以銅刀劈破去骨剉如大豆許用酒拌蒸從巳至未日乾用

吳普云久服輕身益壽

李時珍云和血生血凉血治血中伏火除煩熱

劉完素曰牡丹乃天地之精爲羣花之首葉爲陽發生也花爲陰成實也丹者赤色火也故能瀉陰胞中之火四物湯加之治婦人骨蒸

又曰牡丹皮治無汗之骨蒸神不足者手少陰志不足者足少陰故仲景腎氣丸用之治神志不足也腸胃積血吐血衄血必用之藥故犀角地黃湯用之

李杲曰心虛腸胃積熱心火熾甚心氣不足者

以牡丹爲君

李時珍云牡丹皮治手足少陰厥陰四經血分伏火蓋伏火即陰火也陰火即相火也古方惟以此治相火後人專以黄蘗治相火不知牡丹之加更勝也此乃千載秘奥人所不知

癲疝偏墜氣脹不能動者牡丹皮防風等分爲末酒服二錢 千金方

婦人惡血攻聚上面多怒牡丹皮乾漆燒煙盡各半兩煎服 諸證辨疑

傷損瘀血牡丹皮二兩虻蟲二十一枚熬過搗爲末每旦酒服方寸匕血化爲水 貞元廣利方

金瘡内漏牡丹皮爲末水服一撮立從便出血也 千金方

下部生瘡已決洞者牡丹末湯服方寸匕日三進 肘後方

解中蠱毒牡丹根擣末服一錢匕日三進 外臺秘要

亳州牡丹史卷之三

亳州牡丹史藝文志卷之四

舒元輿

牡丹賦

圓玄瑞精有星而景有雲而卿其光下垂遇物流形草木得之發爲紅英英之甚紅鍾乎牡丹拔類邁倫國香欺蘭我研物情次第而觀暮春氣極綠苞如珠清露宵偃韶光曉驅動盪枝節如解凝結百脉融暢氣不可遏兀然盛怒如將憤馳淑色披開照曜酷烈美膚膩體萬狀皆絶

赤者如日白者如月淡者如赫殷者如血向者如迎背者如訣坼者如語含者如咽俯者如愁仰者如悦裊者如舞側者如跌亞者如醉曲者如折密者如織疏者如缺鮮者如濯慘者如別初朧朧而下上次鮮鮮而重疊錦衾相覆繡帳連接晴籠晝薰宿露宵裛或灼灼騰秀或亭亭露奇或飇然如招或儼然如思或帶風如吟或泣露如悲或重然如縋或爛然如披或迎日擁砌或照影臨池或山鷄而別或威鳳將飛其態

萬萬胡可立辨不窺天府孰得而見非疑孫武
來此敎戰且識謂何搖搖纖柯金欄鳳滿流霞
成波歷階重臺萬朶千棄西子南威洛神湘娥
或倚或扶朱顏色酡各眩紅釭弄彩呈妍夭夭
灼灼歷景嶄肩麕發銀燭爐昇絳煙洞府眞人
會於羣仙晶熒往來金釭列錢凝睇相看曾不
晤言未及行雨先驚旱蓮公室侯家列之如麻
咳唾萬金買此繁華遑恤終日一言相誇列幄
庭中步障開霞曲廡重梁松篁交加如貯深閨

似隔窗紗髣髴息嫣依稀館娃我未觀之如乘
仙槎脉脉不語遲遲日斜九衢遊人駿馬香車
有酒如澠萬坐笙歌一醉是競孰知其他我按
花品此華第一脫落羣類獨占春日其大盈尺
其香滿室葉如翠羽擁抱比櫛蘂如金屑粧飾
淑質玫瑰羞死芍藥自失夭桃斂跡穠李慙出
躑躅宵潰木蘭潛逸朱槿灰心紫薇屈膝皆讓
其先敢懷憤嫉爍乎美乎后土之產物也使其
花之如此而偉乎何前代寂寞而不聞今則昌

然而大昌草木之命亦有時而塞亦有時而開
吾欲問汝昌爲而生哉汝且不言徒留玩以徘
徊

李白

清平調詞三首

雲想衣裳花想容春風拂檻露華濃若非羣玉
山頭見會向瑤臺月下逢
一枝穠艷露凝香雲雨巫山枉斷腸借問漢宮
誰得似可憐飛燕倚新妝

名花傾國兩相歡長得君王帶笑看解釋春風
無限恨沉香亭北倚闌杆

杜甫

花底

紫蕚扶千蘂黃鬚照萬花忽疑行暮雨何事入
朝霞恐是潘安縣堪留衛玠車深知好顏色莫
作委泥沙

王維

紅牡丹

綠艷閒且淨紅衣淺復深花心愁欲斷春色豈知心

盧綸 字允言河中人與韓翃等十人皆有詩名

裴給事宅白牡丹

長安豪貴惜春殘爭玩街西紫牡丹別有玉盤承露冷更無人起月中看

李端 字正巳趙州人嘉佑任大曆中進士杭州司馬

鮮于少府宅木芍藥

謝家能植藥萬簇相縈倚爛熳綠苔前嬋娟青

草裏垂闌復照戶映竹仍臨水驟雨發芳香迴風舒錦綺孤光祿新故衆色更重疊散碧出疎萼分黃成細蘂遊蜂高更下驚蝶坐還起玉貌對應慙霞標方不似春陰憐弱蔓夏日同短晷廻落報榮衰交關鬬紅紫花信可未闌詩情詎能止上客屢移杖幽僧勞凭几初命雖淳劣幸得陪君子敬謝賢主人何膚樹桃李

李益 字君虞隴西人宰相揆子貞元中進士禮部尚書

牡丹

紫萼蘂開未到家却教邀客賞繁華始知年少求名處滿眼空中別有花

權德輿 字載之

和李中丞慈恩寺清上人院牡丹花歌

澹蕩韶光三月中牡丹偏自占春風時過寶地尋香徑已見新花出故叢曲水亭西杏園北濃芳深院紅霞色擢秀全勝珠樹林結根幸在青蓮域艷蘂仙房次第開含烟洗露照蒼苔龐眉倚杖禪僧起輕翅縈枝舞蝶來獨坐南臺時共

美閒行古剎情何已花開一曲奏陽春應為芬芳比君子

柳渾 貞元時宰相

牡丹

近來無柰牡丹何數十千錢買一窠今朝始得分明見果較戎葵勝得多

令狐楚 字慤士貞元中進士

赴東都別牡丹

十年不見小庭花紫萼臨開又別家上馬出門

回首望何時更得到京華

劉禹錫字夢得彭城人

賞牡丹

庭前芍藥妖無格池上芙蕖淨少情惟有牡丹真國色花開時節動京城

又

偶然相遇人間世合在層城阿母家有此傾城好顏色天教晚發賽諸花

渾侍中宅牡丹

經尺千餘朶人間有此花今朝見顏色更不向諸家

和令狐相公別牡丹

平章宅裏一闌花臨到開時不在家莫道兩京非遠別春明門外即天涯

唐郎中宅與諸公飲酒看牡丹

今日花前飲甘心醉數杯但愁花有語不為老人開

韓愈字退之南陽人貞元中進士累禮部尚書昌黎伯謚曰文

戲題牡丹

幸自同開俱隱約何須相倚鬬輕盈凌晨併作新妝面對客偏含不語情雙燕無機還拂掠游蜂多思正經營長年世事都拋盡今日闌邊暫眼明

王建字仲初潁州人大曆中進士陝州司馬

賞牡丹

此花名價別開豔益皇都香遍苓菱死紅燒躑躅枯軟光籠細膩妖色暖鮮膚滿蘂攢黃粉含

稜鏤絳蘇好和熏御服堪畫入宮圖晚態愁新婦殘妝望病夫教人知個數留客賞斯須一夜輕風起千金買亦無

同于汝陽賞白牡丹

曉日花初吐春寒白未凝月光裁不得蘇合點難勝柔膩於雲葉新鮮掩鶴膺統心黃倒暈側莖紫重稜乍斂看如睡初開問欲應並香幽蕙死比艷美人憎價重千金貴形相兩眼疼自知顏色好愁被采光夌

題所賃宅牡丹

賃宅得花饒初開恐是妖粉光深紫膩肉色退紅嬌且願風留着惟愁日炙焦可憐零落蕋收取作香燒

白居易字樂天

牡丹芳

牡丹芳牡丹芳黃金蘂綻紅玉房千片赤英霞爛熳百枝絳點燈煇煌照地初開錦綉段當風不結蘭麝囊仙人琪樹白無色王母桃花小不

香曉露輕盈泛紫豔朝陽照耀生紅光紅紫二色間深淺向背萬態隨低昂映葉多情隱羞面臥叢無力含醉妝低嬌笑容疑掩口凝思怨人如斷腸穠姿貴彩信奇絕雜卉亂花無比方石竹金錢何細碎芙蓉芍藥苦尋常遂使王公與卿士游花冠蓋日相望庳車軟轝貴公主香衫細馬豪家郎衛公宅靜閉東院西明寺深開北廊戲蝶雙舞看人久殘鶯一聲春日長共愁日照芳難住仍張帷幕垂陰凉花開花落二十日一城之人皆若狂三代以還文勝質人心重華不重實重華直至牡丹芳其來有漸非今日元和天子憂農桑卹下動天天降祥去年嘉禾生九穗田中寂寞無人至今年瑞麥分兩岐君心獨喜無人知無人知可歎息我願暫求造化力五穀俱同牡丹殖少迴卿士看花心同似吾君憂黍稷

惜牡丹二首

惆悵堦前紅牡丹晚來唯有兩枝殘明朝風起

應吹盡夜惜衰紅把火看

寂寞萎紅低向雨離披破豔散隨風晴明落地猶惆悵何況飄零泥土中

白牡丹和錢學士

城中看花客旦暮走營營素華人不顧亦占牡丹名開在深寺中車馬無來聲唯有錢學士盡日繞叢行憐此皓然質無人自芳馨衆嫌我獨賞移植在中庭留景夜不暝迎晨曙光明對之心亦舒虛白相向生唐昌玉蘂花攀玩衆所爭

折來比顏色一種如瑶環彼因稀見貴此以多爲輕始知無正色愛惡隨人情豈惟花獨爾理與人事并君看入眼者紫艷與紅英

西明寺牡丹花時憶元九

前年題名處今日看花來一作芸香吏三見牡丹開豈獨花堪惜方知老暗催何况尋花伴東都去未回詎知紅芳側春盡思悠哉

移牡丹栽

金錢買得牡丹栽何處辭叢别主來紅芳堪惜

還堪恨百處移來百處開

和題牡丹叢

晚叢白露夕衰葉凉風朝紅艷久已歇碧芳今亦銷幽人獸相對心事共蕭條

看惲家牡丹花戲贈李二十

香勝燒蘭紅勝霞城中最數令公家人人散後君須看歸到江南無此花

微之宅殘牡丹

殘紅零落無人賞雨打風吹花不全諸處見時猶悵望况當元九小庭前

牡丹

絶代祇西子衆芳唯牡丹月中虚有桂天上謾誇蘭夜濯金波滿朝傾玉露溥性應輕菡萏根本是琅玕奪目霞千片凌風綺一端稍宜經宿雨偏覺耐春寒見説開元歲初令植御欄貴妃嬌欲比侍女妒羞看巧類鴛鴦織光攢麝月團暫移公子第還種杏花壇豪士傾囊買貧儒假乘觀葉藏梧際鳳枝動鏡中鸞似笑賓初至如

愁酒欲闌詩人忘芍藥釋子妒旃檀酷烈宜名壽姿容想姓潘素光翻鷺羽丹艷奪鷄冠燕拂驚還語蜂貪困未安倘令紅臉笑兼解翠眉攢小長呈連萼驕矜寄合歡息肩移九軏無履到千官日曬香房折風披粉乳乾好酬青玉案稱貯碧冰盤璧要連城與珠堪十斛判更思初甲圻那得異泥蟠騷詠應遺恨農經祇畧刊曾般雕不得延壽筆將殫醉客同攀折佳人惜犯干始知來苑囿全勝在林巒泥滓常澆酒庭除又

綽寬若將桃李並方覺効顰難

白牡丹

白花冷淡無人愛亦占芳名道牡丹應似東宮白贊善被人還喚作朝官

元稹字微之河南人元和中進士户部尚書

牡丹

簇蕋風頻壞裁紅雨更新眼看吹落地便別一年春

繁綠陰全合衰紅展漸難風光一擡舉猶得暫

時看

和樂天秋題牡丹叢

敝宅艷山卉別來長嘆息吟君晚叢詠似見摧隤色欲識別後容勸過晚叢側

西明寺牡丹

花向琉璃地上生光風炫轉紫雲英自從天女盤中見直至今朝眼更明

贈李十二牡丹花片因以餞行

鶯澁餘聲絮墮風牡丹花盡葉成叢可憐顏色

經年別收取朱闌一片紅

與楊十二李三早入永壽寺看牡丹

曉入白蓮宮琉璃花界淨開敷多喻草凌亂被幽徑壓砌錦地鋪當霞日輪映蝶舞香暫飄蜂牽蕋難正籠處采雲合露湛紅珠瑩結葉影自交搖風光不定繁華有時節安得保全盛已見與浮榮希君了真性

李賀字長吉元和時人

牡丹種曲

蓮枝未長秦蘅老走馬馱金斸春草水灌香泥却月盤一夜綠房迎白曉美人醉語園中煙晚華已散蝶又闌梁王老去羅衣在拂袖風吹蜀國絃歸霞帔拖蜀帳昏嫣紅落粉罷承恩檀郎謝女眠何處樓臺月明燕夜語

徐凝睦州人元和進士

詠開元寺牡丹獻白樂天

此花南地知難種慚愧僧閒用意栽海燕解憐頻睥睨胡蜂未識更徘徊虛生芍藥徒勞妬羞

殺玫瑰不敢開唯有數苞紅蕚在含芳只待舍
人來

又詠牡丹

祇豐蕚相重燒闌復照空妍姿朝景裏醉艷晚
煙中亦怪霞臨砌還疑燭出籠遠行驚地赤移
坐覺衣紅殷麗開繁朶濃香發幾藂栽綺樣豈
似染脩色寧同嫩畏人看損鮮愁日炙融嬋娟
涵宿露爛熳折春風縱賞襟情合開吟景思通
客來歸盡嬾鶯戀語無窮萬物珍那比千金買

不充如今難更有總有在仙宮

薛能 字太拙汾州人會昌初進士工部尚書徐州節度移鎮武昌

牡丹二首

異色禀陶甄常疑主者偏衆芳殊不數一笑獨
奢妍顆折羞含嫩藂虛隱陷圓亞心堆勝被美
色艷於蓮品格如寒食精光似少年種堪收子
子貴合易賢賢迥秀應無妬奇香稱有仙深陰
宜曉幕富貴助開筵蜀水爭能染巫山未可憐
數難忘次第立因戀傷邊逐日愁風雨程星祝
夜天且從留盡賞離此便歸田
萬朶照初筵狂游憶少年曉光如曲水顏色似
西川日向庾辛受朱從造化研衆開成伴侶相
笑極神仙見焰寧勞火聞香不帶煙自高輕月
桂非偶賤池蓮影接彫盤動藂遮惡草編招驩
變事且就臥覺情牽四面宜絲錦當頭稱管絃
泊來鶯定穩紛擾蝶何顛蘇息承朝露滋榮仰
霽天壓闌多盡好敵國貴宜然未落須迷醉因
兹任病纏人誰知極物空負感麟篇

又二律

去年零落暮春時淚濕紅箋怨別詩常恐便如
巫峽散何因重有武陵期傳情每向馨香得不
語還應彼此知只欲闌邊安枕席夜深閒共說
相思

牡丹愁爲牡丹饑自惜多情欲瘦羸穠艷冷香
初蕋後好風乾雨正開時吟蜂遶坐無閒蕋醉
客曾偷有折枝京國別來誰占玩此花光景屬
新詩

段成式字柯古臨淄人父宰相文昌子以蔭授官仕至太常少卿

牛府師宅牡丹

洞裏先春日更長翠叢風翦紫霞芳若爲蕭史通家客情願扛壺入醉鄉

李商隱字義山河内人弱冠屬文開成初進士水工二部員外郎中

牡丹

錦幃初卷衛夫人繡被猶堆越鄂君垂手亂翻珊玉珮折腰爭舞鬱金裙石家蠟炬何曾翦荀令香爐可待熏我是夢中傳彩筆欲書花葉寄朝雲

牡丹

壓逕復緣溝當窗又映樓終銷一國破不啻萬金求鸞鳳戲三島神仙居十洲應憐蘐草澹却得號忘憂

僧院牡丹

葉薄風才倚枝輕霧不勝開先如避客色淺爲依僧粉壁正蕩水綳幃初卷燈傾城唯待笑要裂幾多綃

回中牡丹爲雨所敗

下苑他年未可追西州今日忽相期水亭暮雨寒猶在羅薦春香暖不知舞蝶與勤收落蕊酒人惆悵臥空帷章臺街裏芳菲伴且問宮腰損幾枝

又

浪笑榴花不及春先期零落更愁人玉盤迸淚傷心數錦瑟驚絃破夢頻萬里重陰非舊圃一年生意屬流塵前溪舞罷君迴顧并覺今朝粉態新

溫庭筠字飛卿高才不羈終方城尉

牡丹

水樣晴紅壓疊波曉來金粉覆庭莎裁成艷思偏應巧分得春光最數多欲綻似含雙靨笑正繁疑有一聲歌華堂客散簾垂地想凭闌干斂翠蛾

又

輕陰隔翠幃宿雨泫晴暉醉後佳期在歌餘舊

意非蝶縈經粉任蜂重挹香歸莫惜熏爐夜因
風到舞衣

夜看牡丹

高低深淺一闌紅把火殷勤繞露叢希逸近來
成懶病不能容易向春風

韓琮 字成封長慶初擢第仕至湖南觀察使

桃時杏日不爭穠葉帳陰成始放紅曉艷遠分
金掌露莫香深惹玉堂風名移蘭杜千年後貴
擅笙歌百醉中如夢如仙忽零落彩霞何處玉

屏空

未開牡丹

殘花何處藏盡在牡丹芳嫩蘂包金粉重葩結
綉裳雲報巫山夢簾影閑陽妝應恨年華促遲
遲待日長

羅鄴 餘杭人與兄隱虬齊名世稱三羅

牡丹三首

落盡春紅始見花花時比屋事豪奢買栽池館
恐無地看到子孫能幾家門倚長衢攢綉轂幄

籠輕日護香霞歌鍾滿座爭歡賞肯信流年鬢
有華

又 一作羅隱

似共東風別有因絳帷高卷不勝春若教解語
應傾國任是無情也動人芍藥與君爲近侍芙
蓉何處避芳塵可憐韓令功成後辜負穠華過
此身

又

欲詢往事奈無言六十年來此託根香暖幾飄

袁虎扇格高長對孔融尊曾憂世亂陰難合且
喜春殘色尚存莫背闌干便相笑與君俱受主
人恩

吳融 字子華山陰人龍紀初進士戶部侍郎

紅白牡丹

不必繁絃不必歌靜中相對更情多殷鮮一半
霞分綺潔澈傍邊月颭波看久願成莊叟夢惜
留須借魯陽戈重來應共今朝別風墜香殘襯
綠莎

僧舍白牡丹

膩若裁雲薄綴霜春殘獨自殿羣芳梅妝向日霏霏暖紈扇搖風閃閃光月魄照來空見影露華凝後更多香天生潔白宜清淨何似殷紅暎洞房

又

侯家萬朶簇霞丹若並雙林素艷難合影只應天際月分香多是畹中蘭雖饒百卉爭先發還在三春向後殘想得惠休凭此檻肯將榮落意

來看

和僧詠牡丹

萬緣消盡本無心何事看花恨却深都是支郎足情調贈香殘蕊亦成吟

鄭谷 字守愚宜春人光啓初進士都官員外

牡丹

畫堂簾捲張清宴含香帶霧情無限春風愛惜未放開柘枝鼓振紅英綻

又

亂前看不足亂後眼偏明却得蓬蒿力遮藏到太平

張蠙 字象文乾寧末進士署金堂令

觀江南牡丹

北地花開南地風寄根還與客心同羣芳盡怯千般態幾醉能銷一番紅衆口但將花勝實真禪元喻色爲空近來明主思王道不許移栽滿六宮

李咸用 隴西人昭宗時推官

牡丹

少見南人識識時嗟復驚始知春有色不信爾無情恐是天地媚暫隨雲雨生緣何絕尤物更可比妍明

遠公亭牡丹

雁門禪客吟春亭牡丹獨逞花中英雙成膩臉偎雲屏百般姿態因風生延年不敢歌傾城朝眞雨雲愁妙婷蕊繁蟻脚掛不行甜迷蜂嘴飛無聲廬山折脚含精靈發妍吐秀叢君庭溢江

太守多閒情欄朱繞絳留輕盈潺潺酥醴當風
傾平頭奴子啾銀笙紅葩豔豔交猩猩左文右
武憐君禁白銅堤上懲清明

秦韜玉 字仲明京兆人中和間進士終工部郎諳事田令孜

牡丹

折妍放豔有誰催疑就仙中旋折來圖把一春
皆占斷因留三月始教開壓枝金蕋香如撲逐
朶檀心巧勝裁好是酒闌絲竹罷倚風含笑向
樓臺

王貞白 廣信人字有道乾寧初進士校書郎

白牡丹

穀雨洗纖素裁爲白牡丹異香聞玉合輕粉泥
銀盤時貯露華濕宵傾月魄寒佳人澹妝罷無
語倚闌干

裴說 天復初進士朝廷多故放浪江湖

牡丹

數朶欲傾城安同桃李榮未常貧處見不似地
中生此物疑無實當春獨有名遊蜂與蝴蝶來

往自多情

李建勛 字致堯隴西人預李昇代禪之謀拜中書侍郎平章事

殘牡丹

腸斷題詩如執別芳茵愁更繞闌鋪風飄金蕋
看全落露滴檀英又暫蘇失意婕妤粧漸薄背
身妃子病猶扶迴看池館春歸也又是迢迢看
畫圖

晚春送牡丹

攜觴邀客繞朱闌腸斷殘春送牡丹風雨數來

留不得離披將謝忍重看氤氳蘭麝香初減零
落雲霞色漸乾借問少年能幾許不須推酒厭
杯盤

王轂 字虛中宜春人乾佑中進士以尚書郎致仕

牡丹

牡丹妖豔動人心一國如狂不惜金曷似東園
桃與李果然無語自成陰

徐寅 字昭夢閩中人乾寧中進士授秘書郎後隱去

看遍花無盛此花剪雲披雪蘸丹砂開當青律

二三月破却長安千萬家天縱穠華刳鄗吝春斂妖艷委豪奢不隨寒食同時盡倍種雙松與辟邪

又

萬萬花中第一流殘霞輕染嫩銀甌能狂紫陌千金子也惑朱門萬户矦朝日照來攜酒看莫風吹落繞闌收詩書滿架塵埃撲盡日無人略舉頭

尚書座上贈牡丹得輕字花自越中移植

流蘇凝作瑞花精仙閣開時麗日晴霜月冷銷銀燭熄寶甌圓印彩雲英嬌含嫩臉春妝薄紅蘸香綃艷色輕早晚有人天上去寄他將贈董雙成

依韵和尚書再贈牡丹

燭銀基地薄紅妝羞殺千花百卉芳紫陌昔曾游寺看朱門今再繞闌相龍分夜雨資嬌態天與春風散好香多著黃金何處買輕橈搖過鏡湖光

郡庭惜牡丹

腸斷春風落牡丹爲辭爲瑞久留歡青春不住堪垂淚紅艷已空猶倚闌積蘚下銷香蕊盡晴陽高照露華乾明年萬朶千枝長倍把芳菲借客看

追和白舍人白牡丹

蓓蕾抽開素練囊瓊葩熏出白龍香裁分楚女朝雲片剪破姮娥夜月光雪句豈須徵柳絮粉腮應恨貼梅妝檻邊幾笑東籬菊冷折金風待降霜

憶牡丹

綠樹多和雪霰栽長安一别十年來王孫買得貴偏重桃李落殘花始開宋玉鄰邊腮正嫩文君壚畔錦初裁滄洲春莫空腸斷看盡猶將勸酒杯

惜牡丹

今日在風揭錦筵預愁吹落夕陽天閒看紅艷只宜醉漫惜黃金豈是賢南國宜偷誇粉態漢

宫倘摘贈神仙良時須作鶯兒主白馬王孫恰
少年

杜荀隺 字彥之杜牧之妾也孕而嫁池州杜筠生大中中登第仕主客員外

臨上人院觀牡丹寄諸從事

閒來吟繞牡丹叢花艷人生事畧同半雨半風
三月內多愁多病百年中開當韶景何多好落
向僧家只是空一境別無惟此有忍教醒坐對
支公

陳標 長慶二年進士殿中侍御史

僧院牡丹

琉璃地上開紅艷碧落天頭散曉霞應是向西
無處種不然爭肯重蓮花

殷文珪

趙侍郎看紅白牡丹因寄楊狀頭贊圖

遲開都為讓羣芳貴地栽成對玉堂紅艷裊煙
疑欲語素華映月只聞香剪裁偏得東風意淡
薄似矜西子妝雅稱花中為首冠年年長占斷
春光

魚玄機

賣殘牡丹

臨風興盡落花頻芳意潛消又一春應為價高
人不問却緣香甚蝶難親紅英只稱生宮裏翠
柳那堪染露塵及至移根上林苑王孫方恨買
無因

李中 字有中唐末人再任南唐令新淦

柴司徒宅牡丹

莫春闌檻有佳期公子開顏乍折時翠幄密籠

鶯未識好香難掩蝶先知願陪妓女爭調樂欲
賞賓朋預課詩只恐却隨雲雨去隔年還是動
相思

青衣擁劍 姓郝或陽人唐末

一種芳菲出後庭却輸桃李得佳名誰能為向
天人說從此移根向太清

歸仁 僧

牡丹

三春堪惜牡丹奇半倚朱闌欲綻時天下更無

花勝此人間偏得貴相宜偷香黑蟻斜穿葉覷
蝶黄鶯倒挂枝除却解禪心不動算應狂殺五
陵兒

孫光憲 五代時人南平王秘書少監

生子詞

清曉牡丹芳紅艶凝金蘂乍占錦江春永認笙
歌地感人心爲物瑞爛熳煙花裏戴上玉釵時
迥與凡花異

法眼禪師 宋太祖問罪江南李後主用謀臣計欲拒王師禪師觀牡丹于大内

作偈示意李竟不省

牡丹偈

擁毳對芳叢由來趣不同髮從今日白花是去
年紅曳艶隨朝露馨香逐曉風何須待零落然
後始知空

歐陽脩 字永叔

題洛陽牡丹圖

洛陽地脉花最宜牡丹尤爲天下奇我昔所記
數千種於今十年皆忘之開圖又見故人面其
開數種昔未窺客言近歲花特異往往變來呈
新枝洛人驚誇立名字買種不復論家貲比新
較舊難優劣爭先擅價各一時當時絶品可數
者魏紅窈窕姚黄肥壽安細葉開尚少朱砂玉
版人未知傳聞千葉昔未有只從左紫名初馳
四十年間花百變最後最好潛溪緋今花雖新
我未識未信與舊誰妍媸當時所見已云絶豈
有更好此可疑古稱天下無正色但恐世好隨
時移鞓紅鶴翎豈不美斂色如避新來姬何況

遠說蘇與賀有類異世誇嬙施造化無情宜一
槩偏此著意何其私又疑人心愈巧僞天欲鬭
巧窮精微不然元化樸散久豈特近歲尤澆漓
爭新鬭麗若不已更後萬載知何爲但應新花
日愈好唯有我老年之衰

蘇軾 字子瞻

雨中賞牡丹

霏霏雨露作清妍爍爍明珠照欲然明日春陰
花未老故應未忍著酥煎

二喬牡丹

風雨何年剗留真向此邪至今遺恨在巧過不
成雙

游太平寺淨土院觀牡丹有澹黃一朶特
奇

醉中眼纈自斕斑天雨曼陀照玉盤一朶官黃
微拂掠鞓紅魏紫不須看

范景仁

李元才寄示蜀中花圖并序

香故難畫藥亦不露工人非特減其圖耳去
年入洛有獻黃花乞名者潞公名之曰女真
黃又有獻淺紅乞名者鎮名之曰洗妝紅二
花者洛人盛傳然此花樣差小間就洛陽求
接頭若得二種在其間甚善

自古成都勝開花不似今徑圍三尺大顏色幾
重深未放香噴雪仍藏蕋散金要知空相論聊
見主人心

朝子華

次韻

徑尺千餘朶矜誇古復今錦城春物異粉面瑞
雲深賞愛難忘酒珍奇不貴金應知色空理夢
幻即惟心

劉夢得渾侍中家花詩云徑尺千餘朶人
間有此花今圖花面亦爾此乃洛花之瑞
雲紅也

韓持國

次韻

勝事常歸蜀奇葩又驗今仙冠裁樣巧彩筆費
功深白豈容施粉紅須惜問金（洛花名）不嗟珍賞
異千里見君心

司馬光字君實

次韻

牡丹開蜀圃盈尺莫如今妍麗色殊衆栽培功
倍深矜誇傳萬里圖寫費千金難就朱欄賞徒
遙遠客心

王十朋字龜齡溫州永嘉人紹興間登第爲廷對第一後爲春官禄熙歸築小園

攗摭花木日自吟咏遂終不倦

牡丹

今古幾池館人人栽牡丹主翁兼種德要與子孫看

又

人道此花貴豈宜顔巷栽春風情不世紅紫一般開

葛長庚 字白叟閩之閩清人母氏夢食蟾蜍於紹熙甲寅三月十五日生七歲能詩賦母忘遂棄往事學道至雷州繼白氏後改姓白名玉蟾道號海南翁紹定冬解化於盱江

閩中曉晴賞牡丹

晴窗冉冉飛塵喜寒硯微微暖氣伸喚醒東吴天外夢化爲南越海邊春

趙抃 字閱道衢州人景進士謚清獻公才能俊逸與歐陽公同時有文集遺世

禁籞見牡丹仍蒙恩賜

校文春殿簾天關内籞千葩放牡丹風捲異香來幕帟日披濃艷出闌干芳菲喜向禁中見憔悴憶曾江外看剪賜從臣君意重數枝和露入金盤

陸游 字務觀號放翁越州山陰人以蔭補侍郎鎖院薦第一秦檜孫塤適居其次檜怒至罪主司明年試禮部游復前列檜顯黜之後同范成大師蜀游爲參議歸脩史閣致仕

賞花至湖上

吾國名花天下知園林盡日敞朱扉蝶穿密葉常相失蜂戀繁香不記歸欲過每愁風蕩樣半開却要雨霏微良辰樂事真當勉莫遣匆匆一片飛

戴復古 字式之號石屏天台人當宋季靡不欲以科第累身而公獨工于詩謂富貴如空花詩文需不朽公復遭家難流落江湖故詩愈工一時傳誦東南半壁終老布衣

子淵送牡丹

有酒何孤我因花賦惱公可憐秋鬢白羞見牡丹紅海上盟鷗客人間失馬翁不知衰病後禁得幾春風

戴昺 字景明台州人嘉定乙卯舉進士授贛州法曹參軍凡廬山山川名勝無不紀詠自謂所作足以敵楓落吴江寶祐間嘗賫行輩別號爲東埜子有歸田詩話

牡丹

萬巧千奇費剪裁瓊瑤錦繡簇成堆世間奴女輪回魄天上仙姬降謫胎笑臉倚風嬌欲語醉顏酣日困難擡東君若使先春放羞殺羣花不敢開

朱淑貞 錢塘人幼警慧工詩書風流蘊藉蚤歲未擇伉儷爲市人妻其夫村惡淑貞抑鬱不遂志作詩多愁思每牽情才子竟無知音悒悒恚死後人輯其詩曰斷腸集、

偶得牡丹數本移植窗外將有着花意二

首

玉種元從上苑分擁培圍護怕因循快晴快雨隨人意正爲墻陰作好春

又

香玉封春未啄花露根烘曉見紅葉丹非水月觀音樣不稱維摩居士家

牡丹

嬌嬈萬態呈殊芳花品名中占得王莫把傾城比顏色從來家國爲伊亡

胡武平

白牡丹

壁堂月冷難成寐翠幌風多不奈寒

元好問 字裕之號遺山太原定襄人七歲能詩鄉閭咸稱其神童年十四學貫經傳渡太河爲箕山琴臺等詩于是名震興定登金國第令內鄉天興擢尚書員外郎金亡不仕

紫牡丹三首

金粉輕粘蝶翅勻丹砂濃抹鶴翎新儘饒姚魏知名早未放黃徐下筆親映日定應珠有淚凌

波長恐襪生塵如何借得司花手偏與人間作好春

夢裏華胥失玉京小闌春事自昇平只緣造物偏留意須信凡花浪得名蜀錦浪淘添色重御爐風細覺香清金刀一剪腸堪斷綠鬢劉郎半白生

天上真妃玉鏡臺醉中遺下紫霞杯已從香國偏薰染更惜花神巧剪裁微欲麝薰時約略驚移鸞影却低回洗粧正要春風句寄謝詩人莫

漫來

吳澄字幼清號草廬臨川人公生三歲母攜過隣姥惠以錢菓敬受而有慙色密置其家而去十三舉鄉貢因元亂隱居所著易書春秋禮記纂言後授翰林改國子監丞今明朝從祀廟庭

次韻楊司業牡丹二首

誰是舊時姚魏家喜從官舍得奇葩風前月下妖嬈態天上人間富貴花化魄他年鎖子骨點唇何處筯頭砂後庭玉樹閑歌曲羞殺陳宮說麗華

又

公詩態度藹祥雲綺語天香一樣新楮葉雕鏤空費力楊花輕薄不勝春老成此日名園主俊乂同時上國賓樂事賞心涵造化撥根未遜洛中人

亳州牡丹史卷之四

牡丹史跋

夫盈天下皆史之物也則盈天下物不可無史也聖作明述非史不彰嘉言懿行非史不著以至于草木蟲魚亦皆有史山經爾雅其濫觴矣然詩書亦史也昔曰左史記言右史

記事乎書歷敘九州山川草木仲尼之說詩曰多識于鳥獸草木之名且詩詠草木之狀則曰參差荇菜左右流之常棣之華鄂不韡〻詠所生則曰于以采蘩于沼于沚詠其時則曰春日遲〻卉草萋〻

詠其變則曰嘗之者華其華
矣御伊委究多致爾故曰詩亦史
也亳都薛公儀曲容文而能詩其
大丈西原公偁字正始之音與李何
頡頏于牡丹有獨嗜博訪名種植
之家園流傳延蔓迄今百年來

亳州牡丹著名昔靈均遭時窮
窘欲滋蘭九畹以寓其見志耳公
生當文明之會解居而寡嗜花
種樹以歌詠太平甚盛事也問必
曰君子推國香之譽而是花之榮哉
幽容又能創為之史文詞瑰麗數

之著牡丹舊譜詳而有法一開卷
閒居結纖一國于春臺矣又禹貢
揚州厥草惟夭詩曰贈之以芍藥
余廣陵人也奈不能為揚州芍藥
史義時對酒手曲容史讀之不釋
之昔人讀離騷之快舉或曰唐人

謂木芍藥即牡丹也芍藥自
有金木二種本草諸書辯之甚
詳故謂舊史惡出補詩書所不載
也可與山經諸史並傳也可

廣陵友弟李猶龍識

曹州牡丹譜

（清）余鵬年 撰

《曹州牡丹譜》，（清）余鵬年撰。余鵬年，原名余鵬飛，字伯扶，安徽懷寧人，乾隆年間舉人，擅長詩詞書畫。此書撰成於乾隆五十七年（一七九二）。

該書記錄各種顔色的牡丹花，計五十六種。曹州自古以來就是著名的牡丹産地，而『記述未有專書』，作者的著作彌補了這一缺憾。當地五十六種牡丹被分爲『花正色』（單一顔色）和『花間色』（雜色）兩大類種，其中『花正色』牡丹三十四種，『花間色』牡丹二十二種。對於每一種牡丹，作者又對其名稱、色澤、花型等内容進行具體描述，如記載『金玉交輝』這一品種：『綠胎修幹，花大瓣，層葉黄蕊，貫珠纍纍出房外，開至欲殘尚似開放時』。而『花正色』則又根據花色被作者分爲『黄者七種』『青者一種』『紅者十五種』『白者八種』以及『黑者三種』；『花間色』則爲『粉色十一種』『紫者六種』『綠者五種』。書後附有曹州通行的牡丹栽培技術共計七條，涵蓋了嫁接、移花、除蟲、澆花、施肥、光照、歲時等多方面的内容，記載頗爲詳細。

本書除原刻本外，尚有《鶴齋叢書》本，現藏於國家圖書館、南京圖書館、常熟市圖書館、雲南省圖書館等處。此外，民國十八年（一九二九）石印本《授衣廣訓》後也附載了此書。今據上海圖書館藏清乾隆五十八年刻本影印。

（何彦超　惠富平）

題曹州牡丹譜三首

玉瑧如結柔苗陰壤
物深闌樹藉心何事
思公樓下看花評不
向去重尋
細楷憑誰續洛陽

影園空自寫姚黃桅
陞為尔添詩話西蜀
陳州陸与張
我來偏不值最時省
却衙齋補謝詩乞
得東州栽接法根深

培護到盤枝
乾隆癸丑夏四月朔北
平八翁方綱書於曹南
使院之西齋

內閣學士

督學山左

曹州牡丹譜序

曹州牡丹之盛著於談賞久矣而紀述未有專書懷寧余伯扶孝廉博學工詩主講席於此壬子春予以報最北上及旋役至曹伯扶爲予言二月杪覃溪閣學師來按試試竣相見屬以花應作譜伯扶因攷之往籍徵諸士人別其名色種族及夏月而譜成冬予謁師於省垣受其譜而讀之躍然可備典故師因屬予序而付諸梓昔歐陽公於錢思公樓下小屏間見細書牡丹

名九十餘種及其書於鋟者纔二十餘種耳今曹州鄉人所植蓋知之而不能言而士大夫博雅稽古者又或言之而不切時地伯扶乃能訂今古證同異又附以栽接之法俾後之騷人墨客皆得有所援据而引以泚事之餘得聞師門緒論復得伯扶名筆以共傳不朽實與邑之人士胥厚幸焉故不辭而序其概如此乾隆癸丑春三月知菏澤縣事宛平安奎文序

曹州牡丹譜自序

素問清明次五日牡丹華牡丹得名其古矣乎攷漢志有黃帝內經附志乃有素問非出遠也廣雅白茶牡丹也本草芍藥一名白茶崔豹古今注芍藥有草木二種木者花大而色深俗呼爲牡丹李時珍曰色丹者爲上雖結子而根上生苗故謂之牡丹昔謝康樂謂永嘉水際竹間多牡丹又蘇頌謂山牡丹者二月梗上生苗葉三月花根長五七尺近世人多貴重欲其花之

詭異皆秋冬移接培以壤土至春盛開其狀百變斯其始盛也歟唐盛於長安在事物紀原洛陽分有其盛自天后時已然有宋鄞江周氏洛陽牡丹記自序求得唐李衛公平泉花木記范尚書歐陽參政二譜范所述五十二品可考者纔三十八歐述錢思公雙桂樓下小屏中所錄九十餘種但言其畧因以耳目所聞見及近世所出新花參校三賢譜記凡百餘品亦羅於此乎陸放翁在蜀天彭爲花品云皆買自洛中僧

仲林越中花品絕麗者纔三十二唯李英吳中花品皆出洛陽花品之外張邦基作陳州牡丹記則以牛家縷金黃傲洛陽以所無薛鳳翔作亳州牡丹史夏之臣作評上品有天香一品萬花一品東坡所云變態百出務爲新奇以追逐時好者不可勝紀已曹州之有牡丹未審始於何時志乘略不載其散載於它品者曰曹州狀花紅喬家西瓜瓤金玉交輝飛燕紅妝花紅平頭梅州紅忍濟紅倚新妝等由來亦舊尋以辛

亥春至曹其至也春已晚未及訪花明年春學使者閣學翁公來試士謁之問曰作花品乎曰未也翁公校試它府去緘詩至目洛陽花要訂平生盍促之矣乃集弟子之知花事圃丁之老於栽花者偕之游諸圃勘視而筆記之歸而質以前賢之傳述萃成此譜歐陽子云但取其特著者次第之而已乾隆五十七年四月十日懷寧余鵬年自序於重華書院

曹州牡丹譜

懷寧余鵬年

花正色 計三十四種

黃者七種

金玉交輝 俗名金玉璽

綠胎修幹花大瓣層葉黃蕊貫珠纍纍出房外開至欲殘倘似放時此曹州所自出薛史品居第一

金輪

肉紅胎近胎二層葉胎下護枝葉俱肉紅莖挺出花淡黄間背相接圓滿如輪其黄氣毬之族歟實異品也

黄絨鋪錦　一名金粟一名綠頭黄

細瓣如卷絨縷下有四五瓣差濶連綴承之上有金鬚布滿殆張記所謂縷金黄者

姚黄　俗名落英黄

此花黄胎護根葉淺綠色疎長過於花頭若擁若覆初開微黄垂殘愈黄蘚史有大黄最

宜向陰簪之瓶中經宿則色可等秋葵者似之第大黃無青心稍異

禁院黃 俗名魯府黃

花色亞於金輪閒淡高秀殿品所謂姚黃別品者曹人傳是明魯王府中種考明諸王分封曹地者鉅野王泰墱定陶王銓鑨不聞有魯王因檢府志鉅野王後輙稱魯宗此魯府之名所自蓋不可徵實如此

御衣黃

胎類姚黃唯蘐枝葉紅色有千葉單葉二種千葉者諸譜稱色似黃葵是也單葉膚理輕皺弱於潤綃愛重之者蕊不以千葉為勝

慶雲黃

質過御衣黃色類丹州黃而近萼處帶淺紅昔人謂其郁然輪囷茲則見其溫潤匀榮與青者一種

雨過天青　俗名補天石

白胎翠莖花平頭房小色微青而開晚或以

歐碧當之初旭經照露華半稀清香自含瓷光俯仰乃汝窯天青色也李易川今名

紅者十五種

飛燕紅妝 一名紅楊妃

此花細瓣修長薛鳳翔亳州牡丹史云得自曹州方家今遍訊之蓋不知有此名疑即飛燕妝然飛燕妝有三種一花色兼紅黃一深紅起樓子一白花類象牙色皆非也有告予曰薛史載方家銀紅二種色態頗類弟樹頭

綠葉稍別者宜細審之及觀至所謂長花坼者綠胎碧葉長朶花色光彩動搖信然

花膏紅 俗名胎紅

胎莖俱紅其花大瓣若臙脂點成光瑩如鏡

䄎家西瓜瓤

尖胎枝葉青長花如瓜中紅薛史謂類軟銀紅子直以爲飛燕紅妝之別品耳又即桃紅西瓜瓤

大火球 一名丹爐焰

胎整俱綠花色深紅內外掩映若然花焰熒流

赤朱衣 一名一品朱衣一名奪翠

花房鱗次而起緊實而圓檀嬌豔顏渥赭凡花於一瓣間色有淺深惟此花內外一如含丹

梅州紅

圓胎圓葉花瓣長短有序色近海棠紅然性喜陰花戶解弄花而不解護持風日故其類

不繁

春江漂錦 一名新紅嬌艷

花乃梅紅之深重者艷似海霞烘日蜃氣未消千葉盛開出亳州天香一品上稍恨單葉時多

嬌紅樓臺

胎藍似王家紅體似花紅緋毬色似宮袍紅有淺深二種

硃砂紅

花葉甚鮮向日視之如猩血妖麗奪目或云一名醉猩猩一名迎日紅曹人呼爲蜀江錦

妬嬌紅

青胎花頭圓滿朱殷嵌枝絢如剪綵疊如碎霞蓋天機圓錦之比曹人以其色可冠花品也以百花妬名之

花紅萃盤　一名珊瑚映日

紅胎枝上護葉窄小條亦頗短房外有托辦深桃紅色綠趺重蕚

灑金桃紅一名丹宦流金

胎莖俱淺紅色花色深紅大瓣如盤破痕皴蹙黃蕊散布周記蹙金樓子即此

狀元紅

重葉深紅花其色與鞓紅潛緋相類有紫檀心天姿富貴昔人名之曰曹州狀元紅以別於洛中之狀元紅也

榴紅

千葉樓子色近榴花

花紅平頭

綠胎花平頭濶葉色如火拳花中紅而照耀者出胡氏

白者八種

崑山夜光

胎整俱綠枝上葉圓大宜陽成樹花頭難開開則房緊葉繁綢繆布護如疊碎玉乃白花中之最上乘可謂自明無月夜古名鐙籠有以也別品細秀瓣如梨花意態閒遠名梨花

雪

綠珠墜玉樓 俗名青翠滴露

長胎胎色與莖俱同崑山夜光花白溶溶蕊

綠琵琶

玉樓子

莖細秀花挺出千葉起樓如水月樓臺迥出塵表曹人以其絨葉細砌如堆以雪堆名之

瑤臺玉露 俗名一捧雪

花蕊俱白

玉美人
大葉色如傳粉俗名何白以此
雪素
粉胎開最晩葉繁而蕊香俗呼爲素花魁固不如舊名雪素之雅稱今仍易之
金星雪浪
白花黄蕚互相照映花頭起樓黄蕊散布常以此亂黄絨鋪錦
池塘曉月

胎蕊細長而黃枝上葉亦帶微黃花色似黃而白亦白花中之異者尋名之曰晚西月

黑者三種

烟籠紫玉盤

高聳起樓明如點漆如松巒烟卽昔人所謂油紅最爲異色

墨葵

朱胎碧蕚大瓣平頭花同烟籠紫玉盤又有卽墨子者亦其種

墨灑金　一名墨紫映金

胎綠而淺枝上葉碧而細花頭似墨葵紋花瓣每有金星掩映單葉者亦然苐枝上葉色黃此其所異

花間色　計二十二種

粉者十一種

獨占先春

紅胎多葉花大如盌瓣三寸許黃蕊檀心易開最早疑諸譜以爲一百五者即其種但彼

云白花此粉色耳

粉黛生春

質靚獨占先春花頭稍緊滿日午艶生類銀
紅犯開期最後

三奇

紅胎三稜紫莖圓葉粉花柔膩異常

醉西施

粉白中生紅暈狀如酡顔俗以暈圓如珠名
爲斗珠光

醉楊妃

胎體圓緣花房倒綴葢莖弱不勝扶持也故以醉志之其花萼間生五六大葉濶三寸許圓擁周匝質本白而間以藕色薛史載有方氏嘗以此花子種出者名醉玉環品以楊妃爲玉環之母以醉害義者矣

絳紗籠玉

肉紅圓胎枝秀長花平頭易開質本白而內含淺紺外則隱有紫氣籠之昔人謂如秋水

浴洛神名曰秋水妝者是也品最貴

淡藕絲　一名臙脂界粉一名紅絲界玉

絲胎紫莖花如吳中所染藕色花瓣中擘一畫紅絲片片皆同舊品中有桃紅線者即此種

劉師閣　俗名雅淡妝

千葉白花帶微紅無檀心周記謂出長安劉氏尼之閣下因此得名瑩白溫潤如美人肌然不常開率二三年乃一見花或作劉師哥

誤

慶雲仙 一名駐鶴仙

綠胎修莖花面盈尺花心出二葉丰致洒然

錦幛芙蓉

大千葉花也無碎瓣花色如木芙蓉蕊抽淺碧清致宜人

一撚紅

多葉淺紅葉杪深紅一點如指撚痕舊傳楊妃勻面餘脂印花上明歲花開片片有指印

紅迹故名

紫者六種

魏紫

紫胎肥莖枝上葉深綠而大花紫紅乃周記所載都勝記曰豈魏花寓於紫花本者其子變而爲都勝耶蓋錢思公稱爲花之后者千葉肉紅畧有粉梢則魏花非紫花也

紫金荷

莖挺出花大而平如荷葉狀開時側立翩然

紫赤色黄蕊

西紫 一名萍實焰

此花深紫中含黄蕊樹本枯燥如古鐵色每至九月胎芽紅潤眞不異珊瑚枝

朝天紫 一名紫衣冠羣

花晚開色正紫楊升菴詞品謂如金紫大夫之服色故名後人以名曲今以紫作子非

紫玉盤

淡紅胎短莖花齊如截即左花也亦謂之平

頭紫

紫雲芳 一名紫雲仙

千葉樓子紫色深迴髣髴烟籠易開耐久第香欠清耳

綠者五種

豆綠

碧胎修莖花大葉千葉層起樓異品也盍八艷妝之一餘史謂八艷妝者八種花有雲秀洛妃堯英等名出自亳州鄧氏桉曹州花多

移自亳

萼綠華 一名鸚羽綠一名綠蝴蝶

胎莖俱同豆綠千葉大瓣起樓羣花卸後始開

奇綠

此花初開瓣與蕊俱作深紅色開盛則瓣變爲淺綠而蕊紅愈鮮亦花之異者

瑞蘭

胎莖花葉俱清淺似蘭當爲逸品然自來賞

之者稀何也

嬌容三變

初開色綠開盛淡紅開久大白薛史謂初紫繼紅落乃深紅故曰嬌容三變歐記中有添色凝即此是桉[illegible]袁石公記為芙蓉三變者目為嬌容誤矣

昔眞王宮花品宋景祐滄州觀察使記花凡五十種以潛溪緋平頭紫居正一品分為三等九品又柴陽張峋撰花譜二卷以花有千

葉多葉之不同剏例分類凡千葉五十
多葉六十三種葢皆博備精究者之所爲
病未能也特分正色間色正色黃爲中央首
列之次青紅白黑間色粉紫綠三種又次於
後凡五十六種云

菊譜

（宋）劉蒙 撰

《菊譜》，（宋）劉蒙撰。劉蒙，彭城（今江蘇徐州）人，仕履不詳。《菊譜序》中稱『崇寧甲申九月，余得爲龍門之遊』，訪劉元孫所居，『相與訂論』，爲此譜。據此推知，劉蒙爲宋徽宗時人，該書作於崇寧甲申（一一〇四）。譜中語言精練文雅，是中國現存最早的一部菊花專著。

該譜一卷，全文五千餘字，分爲五部分，首爲序，次爲説疑，次爲定品，次列菊名三十五條，並對各色菊花進行詳細介紹，末爲雜記三篇：《叙遺》《補意》和《拾遺》。譜序闡述菊的觀賞價值和作譜緣由。『説疑』辨別菊之名物。『定品』詳細叙述菊的品評標準，提出『先色與香，而後態』的品評原則。此後劉蒙又對三十五品菊的産地、特性、培植、開花時間以及花姿形態等内容進行了詳細記述。雜記三篇的《叙遺》列舉四種菊花，在《補意》中則提出用發展的眼光看待菊花品種的發展和變化；《拾遺》介紹了黄碧、單葉兩種菊花。只是本書僅談及菊花品類，未涉及菊花種植。

該書版本有《百川學海》本、清順治三年（一六四六）宛委山堂刻《説郛》本等。今據南京圖書館藏《百川學海》本影印。

（何彦超　惠富平）

菊譜

譜叙

彭城劉蒙

草木之有花浮冶而易壞凡天下輕脆難久之物者皆以花比之宜非正人達士堅操篤行之所好也然余嘗觀屈原之爲文香草龍鳳以比忠正而菊與菌桂荃蕙蘭芷江蘺同爲所取又松者天下歲寒堅正之木也而陶淵明乃以松名配菊連語而稱之夫屈原淵明寔皆正人達士堅操篤行之流至於菊猶貴重之如此是菊雖以花爲名固與浮冶易壞之物不可同年而語也且菊有異於物者凡花皆以春盛而實者以秋成其根柢枝葉無物不然而菊獨以秋花

悅茂於風霜搖落之時此其得時者異也有花葉者花未必可食而康風子乃以食菊僊又本草云以九月取花久服輕身耐老此其花異也花可食者根葉未必可食而陸龜蒙云春苗恣肥得以採擷供左右杯按又本草云以正月取根此其根葉異也夫以一草之微自本至末無非可食有功於人者加以花色香態纖妙閑雅可爲丘壑燕靜之娛然則古人取其香以比德而配之以歲寒之操夫豈獨然而已哉洛陽非風俗大抵好花菊品之數比他州爲盛劉元孫伯紹者隱居伊水之瀍萃諸菊而植之朝夕嘯詠乎其側蓋有意譜之而未假也崇寧甲申九月余得爲龍門之游得至君居坐於舒嘯堂上顧玩而樂之於

是相與訂論訪其居之未嘗有因次第焉夫牡丹荔枝香筍茶竹硯墨之類有名數者前人皆譜錄今菊品之盛至於三十餘種可以類聚而記之故隨其名品論敘于左以列諸譜之次

說疑

或謂菊與苦薏有兩種而陶隱居日華子所記皆無千葉花疑今譜中或有非菊者也然余嘗讀隱居之說以謂莖紫色青作蒿艾氣爲苦薏今余所記菊中雖有莖青者然而爲氣香味甘枝葉纖少或有味苦者而紫色細莖亦無蒿艾之氣又今人間相傳爲菊其已久矣故未能輕取舊說而棄之也凡植物之見取於人者栽培灌溉不失其宜則枝葉華實無不猥

夫至其氣之所聚乃有連理合頴雙葉並蔕之瑞而況於花有變而爲千葉者乎日華子曰花大者爲甘菊花小而苦者爲野菊若種園蔬肥沃之處復同一體是小可變而爲甘也如是則單葉變而爲千葉亦有之矣牡丹芍藥皆爲藥中所用隱居等但記花之紅白亦不云有千葉者今二花生于山野類皆單葉小花至於園圃肥沃之地栽鉏糞養皆爲千葉然後大花千葉變態百出然則奚獨至於菊而疑之注本草者謂菊一名日精按說文從鞠而爾雅菊治蘠月令云鞠有黃華疑皆傳寫之誤歟若夫馬藺爲紫菊瞿麥爲大菊烏喙苗爲鴛鴦菊旋覆花爲艾菊與其他妄濫而竊菊名者皆所不取云

黃花

勝金黃一名大金黃菊以黃爲正此品最爲豐縟而如輕盈花葉微尖但條梗纖弱難得團簇作大本須留意扶植乃成

疊金黃一名明州黃又名小金黃花心極小疊葉穠密狀如笑靨花有富貴氣開早

棣棠菊一名金鎚子花纖穠酷似棣棠色深如赤金他花色皆不及蓋奇品也窠株不甚高金陵最多

疊羅黃狀如小金黃花葉尖瘦如剪羅縠三兩花自作一高枝出叢上意度瀟灑

麝香黃花心豐腴傍短葉密承之格極高勝亦有白者大略似白佛頂丁勝之遠甚吳中比年始有

千葉小金錢略似明州黃花葉中外疊疊整齊心甚大

太眞黃花如小金錢加鮮明

單花小金錢花心尤大開最早重陽前已爛熳

垂絲菊花蘂深黃莖極柔細隨風動搖如垂絲海棠

鴛鴦菊花常相偶葉深碧

金鈴菊一名荔枝菊舉體千葉細瓣成小毬如小荔枝枝條長茂可以攬結江東人喜種之有結爲浮圖樓閣高丈餘者余頃北使過樂城其地多菊家家以盆盎遮門悉爲鸞鳳亭臺之狀即此一種

毬子菊如金鈴而差小二種相去不遠其大小名字出於栽培肥瘠之別

小金鈴一名夏菊花如金鈴而極小無大本夏中開

藤菊花密條柔以長如藤蔓可編作屏幛亦名棚菊種之坡上則垂下裊數尺如纓絡尤宜池潭之瀕

十樣菊一本開花形模各異或多葉或單葉或大或小或如金鈴往往有六七色以成數通名之曰十樣衢嚴間花黄杭之屬邑有白者

甘菊一名家菊人家種以供蔬茹凡菊葉皆深緑而厚味極苦或有毛惟此葉淡緑柔瑩味微甘咀嚼香味俱勝擷以作羹及泛茶極有風致天隨子所賦即此種花差勝野菊甚本不繁花

野菊旅生田野及水濱花單葉極瑣細

白花

五月菊花心極大每一鬚皆中空攢成一匾毬子紅白單葉繞承之每枝只一花徑二寸葉似同蒿夏中開近年院體畫草虫喜以此菊寫生

金杯玉盤中心黄四傍淺白大葉三數層花頭徑三寸菊之大者不過此本出江東比年稍移栽吴下此與五月菊二品以其花徑寸特大故列之於前

喜容千葉花初開微黄花心極小花中色深外微暈淡欣然丰艷有喜色甚稱其名久則變白尤耐封殖可以引長七八尺至一丈亦可攬結白花中高品也

御衣黄千葉花初開深鵞黄大略似喜容而差疎瘦久則變白

萬鈴菊中心淡黄鎚子傍白花葉繞之花端極尖香

尤清烈

蓮花菊如小白蓮花多葉而無心花頭疎極蕭散清絶一枝只一葩綠葉亦甚纖巧

芙蓉菊開就者如小木芙蓉尤穠盛者如樓子芍藥但難培植多不能繁穊

茉莉菊花葉繁縟全似茉莉綠葉亦似之長大而圓淨

木香菊多葉略似御衣黄初開淺鵞黄久則淡白花葉尖薄盛開則微卷芳氣最烈一名腦子菊

酴醿菊細葉稠疊全似酴醿比茉莉差小而圓

艾葉菊心小葉單綠葉尖長似蓬艾

白麝香似麝香黄花差小亦豐腴韻勝

銀杏菊淡白時有微紅花葉尖緑葉全似銀杏葉

白荔枝與金鈴同但花白耳

波斯菊花頭極大一枝只一葩喜倒垂下久則微捲

如髮之鬈

雜色

佛頂菊亦名佛頭菊中黄心極大四傍白花一層繞

之初秋先開白色漸沁微紅

桃花菊多至四五重粉紅色濃淡在桃杏紅梅之間

未霜即開最爲妍麗中秋後便可賞以其質如白之

受采故附白花

臙脂菊類桃花菊深紅淺紫比臙脂色尤重比年始

有之此品既出桃花菊遂無顔色蓋奇品也姑附白

花之後

紫菊一名孩兒菊花如紫茸叢茁細碎微有菊香或云即澤蘭也以其與菊同時又常及重九故附於菊

菊譜

（宋）史正志 撰

《菊譜》，（宋）史正志撰。史正志，字志道，自號吴門老圃、樂閒居士、柳溪釣翁。江都（今揚州）人，寓居丹陽（今屬鎮江）。紹興二十一年（一一五一）進士。編有《建康志》十卷，《菊譜》一卷，又著有《清暉閣詩》（已佚）。該譜是史氏退居姑蘇（今蘇州）後所作，成於淳熙乙未（一一七五）。

全書一卷，首爲序，次爲二十八種菊花的介紹，末爲後序。序言首先介紹菊爲草屬，因以黄色爲正色，故稱黄花。此後又介紹了漢代九月九日飲菊花酒的習俗，揭示了菊與重陽節的關係。再概述菊的藥用價值。序文之後，作者對二十八種菊進行了簡單介紹描述，除對『夏月佛頂菊』的開花時間作了介紹之外，其餘僅涉及菊花的形態特徵。該譜末有後序一則，主要是作者辨析一些與菊相關的歷史争論。

該書版本有《百川學海》本，清順治三年（一六四六）宛委山堂刻《説郛》本。今據南京圖書館藏《百川學海》本影印。

（何彦超　惠富平）

菊譜

吳門老圃史　正志　撰

菊草屬也以黄爲正所以槩稱黄花漢俗九日飲菊酒以祓除不祥蓋九月律中無射而數九俗尚九日而用時之草也南陽酈縣有菊潭飲其水者皆壽神僊傳有康生服其花而成僊菊有黄華北方用以準節令大略黄華開時節候不差江南地暖百卉造作無時而菊獨不然攷其理菊性介烈高潔不與百卉同其盛衰必待霜降草木黄落而花始開嶺南冬至始有微霜故也本草一名日精一名周盈一名傳延年所宜貴者苗可以菜花可以藥囊可以枕釀可以飲所以高人隱士籬落畦圃之間不可一日無此花

也陶淵明植於三徑采於東籬裛露掇英汎以忘憂鍾會賦以五美謂圓華高懸準天極也純黃不雜后土色也早植晚登君子德也冒霜吐頴象勁直也杯中體輕神僊食也其爲所重如此然品類有數十種而白菊一二年多有變黃者余在二水植大白菊百餘株次年盡變爲黃花今以色之黃白及雜色品類可見於吳門者二十有七種大小顏色殊異而不同自昔好事者爲牡丹芍藥海棠竹筍作譜記者多矣獨菊花未有爲之譜者殆亦菊花之闕文也歟余姑以所見爲之若夫耳目之未接品類之未備更俟博雅君子與我同志者續之今以所見具列于後

黃

大金黃
心密花瓣大如大錢
小金黃
心微紅花瓣鵝黃葉翠大如衆花
佛頭菊
無心中邊亦同
小佛頭菊
同上微小又云疊羅黃
金鍪菊
比佛頭頗瘦花心微窪
金鈴菊
心微青紅花瓣鵝黃色葉小又云明州黃

深色御袍黄

心起突色如深鵝黄

淺色御袍黄

中深

金錢菊

心小花瓣稀

毬子黄

中邊一色突起如毬子

棣棠菊

色深黄如棣棠狀比甘菊差大

甘菊

色深黄比棣棠頗小

定品

或問菊奚先曰先色與香而後態然則色奚先曰黃者中之色土王季月而菊以九月花金土之應相生而相得者也其次莫若白西方金氣之應菊以秋開則於氣爲鍾焉陳藏器云白菊生平澤花紫者白之變紅者紫之變也此紫所以爲白之次而紅所以爲紫之次云有色矣而又有香有香矣而後有態是其爲花之尤者也或又曰花以艷媚爲悅而子以態爲後歟曰吾嘗聞於古人矣妍卉繁花爲小人而松竹蘭菊爲君子安有君子而以態爲悅乎至於具香與色而又有態是猶君子而有威儀也菊有名龍腦者具香與色而態不足者也菊有名都勝者具色與態

而香不足者也菊之黄者未必皆勝而置于前者正其色也菊之白者未必皆劣而列于中者次其色也雜羅香毬玉鈴之類則以瓌異而升焉至於順聖楊妃之類轉紅受色不正故雖有芬香態度不得與諸花爭也然余獨以龍腦爲諸花之冠是故君子貴其質焉後之視此譜者觸類而求之則意可見矣

花總數三十有五品以品視之可以見花之高下以花視之可以知品之得失具列之如左云

龍腦第一

龍腦一名小銀臺出京師開以九月末類金萬鈴而葉尖謂花上葉色類人間染鬱金而外葉純白夫黄菊有深淺色兩種而是花獨得深淺之中又其香氣

芬烈甚似龍腦是花與香色俱可貴也諸菊或以態度爭先者然標致高遠譬如大人君子雍容雅淡識與不識固將見而悅之誠未易以妖冶嫵媚爲勝也

新羅第二

新羅一名玉梅一名倭菊或云出海外國中開以九月末千葉純白長短相次而花葉尖薄鮮明瑩徹若瓊瑤然花始開時中有青黃細葉如花蘂之狀盛開之後細葉舒展迺始見其蘂焉枝正紫色葉青支股而小凡菊類多尖闕而此花之蘂分爲五出如人之有支股也與花相映標韻高雅似非尋常之比也然余觀諸菊開頭枝葉有多少繁簡之失如桃花菊則恨葉多如毬子菊則恨花繁此菊一枝多開一花雖

有旁枝亦少雙頭並開者正素獨立之意故詳紀焉

都勝第三

都勝出陳州開以九月末鵝黃千葉葉形圓厚有雙紋花葉大者毎葉上皆有雙畫直紋如人手紋狀而内外大小重疊相次蓬蓬然疑造物者著意為之凡花形千葉如金鈴則太厚單葉如大金鈴則太薄惟都勝新羅御愛棣棠頗得厚薄之中而都勝又其最異者也余嘗謂菊之為花皆以香色態度為尚而枝常恨麤葉常恨大凡菊無態度者枝葉累之也此菊細枝少葉嫋嫋有態而俗以都勝目之其有取于此乎花有淺深兩色蓋初開時色深爾

御愛第四

御愛出京師開以九月末一名笑靨一名喜容淡黃千葉葉有雙紋齊短而闊葉端皆有兩闕內外鱗次亦有瓌異之形但恨枝幹差麤不得與都勝爭先爾葉比諸菊最小而青每葉不過如指面大或云出禁中因此得名

玉毬第五

玉毬出陳州開以九月末多葉白花近蘂微有紅色花外大葉有雙紋瑩白齊長而蘂中小葉如剪茸初開時有青殼久乃退去盛開後小葉舒展皆與花外長葉相次倒垂以玉毬目之者以其有圓聚之形也枝幹不甚麤葉尖長無刓闕枝葉皆有浮毛頗與諸菊異然顔色標致固自不凡近年以來方有此本好

爭者競求致一二本之直比于常菊葢十倍焉

玉鈴第六

玉鈴未詳所出開以九月中純白千葉中有細鈴甚類大金鈴菊凡白花中如玉毬新羅形態高雅出於其上而比菊與之爭勝故余特次二菊覩名求實似無愧焉

金萬鈴第七

金萬鈴未詳所出開以九月末深黃千葉菊以黃爲正而鈴以金爲質是菊正黃色而葉有鐸形則於名實兩無愧也菊有花密枝褊者人間謂之鞍子菊實與比花一種特以地脉肥盛使之然爾又有大萬鈴大金鈴蜂鈴之類或形色不正比之此花特爲窳有

其名也

大金鈴第八

大金鈴未詳所出開以九月末深黄有鈴者皆如鐸鈴之形而此花之中實皆五出細花下有大葉承之每葉之有雙紋枝與常菊相似葉大而踈一枝不過十餘葉俗名大金鈴蓋以花形似秋萬鈴爾

銀臺第九

銀臺深黄萬鈴葉有五出而下有雙紋白葉開之初疑與龍腦菊一種但花形差大且不甚香耳俗謂龍腦菊爲小銀臺蓋以相似故也枝榦纖柔葉青黄而麤踈近出洛陽水北小民家未多見也

棣棠第十

棣棠出西京開以九月末深黃雙紋多葉自中至外長短相次如千葉棣棠狀凡黃菊類多小花如都勝御愛雖稍大而色皆淺黃其最大者若大金鈴菊則又單葉淺薄無甚佳處唯此花深黃多葉大於諸菊而又枝葉甚青一枝聚生至十餘朵花葉相映顏色鮮好甚可愛也

蜂鈴第十一

蜂鈴開以九月中千葉深黃花形圓小而中有鈴葉擁聚蜂起細視若有蜂窠之狀大抵此花似金萬鈴獨以花形差小而尖又有細蘂出鈴葉中以此別爾

鵝毛第十二

鵝毛未詳所出開以九月末淡黃纖細如毛生於花

蕚上凡菊大率花心皆細葉而下有大葉承之間謂之托葉今此毛花自内自外葉皆一等但長短上下有次爾花形小於金萬鈴亦近年新花也

毬子第十三

毬子未詳所出開以九月中深黄千葉尖細重疊皆有倫理一枝之杪聚生百餘花若小毬諸菊黄花最小無過此者然枝青葉碧花色鮮明相映尤好也

夏金鈴第十四

夏金鈴出西京開以六月深黄千葉甚與今萬鈴相類而花頭瘦小不甚鮮茂蓋以生非時故也或曰非時而花失其正也而可置於上乎曰其香是也其色是也若生非其時則係於天者也夫特以生非其時

而置之諸菊之上香色不足論矣奚以貴質哉

秋金鈴第十五

秋金鈴出西京開以九月中深黃雙紋重葉花中細蘂皆出小鈴蕚中其蕚亦如鈴葉但比花葉短廣而青故譜中謂鈴葉鈴蕚者以此有如蜂鈴狀余頃年至京師始見此菊戚里相傳以爲愛玩其後菊品漸盛香色形態往往出此花上而人之貴愛寖落矣然花色正黃未應便置諸菊之下也

金錢第十六

金錢出西京開以九月末深黃雙紋重葉似大金菊而花形圓齊頗類滴滴花（欄檻處處有亦名滴滴金亦名金錢子）人未識者或以爲棠棣菊或以爲大金鈴但以花葉辨之

乃可見爾

鄧州黃第十七

鄧州黃開以九月末單葉雙紋深於鵝黃而淺於鬱金中有細葉出鈴萼上形樣甚似鄧州白但小差爾按陶隱居云南陽酈縣有黃菊而白者以五月採今人間相傳多以白菊爲貴又採時乃以九月頗與古說相異然黃菊味甘氣香枝幹葉形全類白菊疑乃弘景所記爾

薔薇第十八

薔薇未詳所出九月末開深黃雙紋單葉有黃細蘂出小鈴萼中枝幹差細葉有支股而圓今薔薇有紅黃千葉單葉兩種而單葉者差淡人間謂之野薔薇

蓋以單葉者爾

黄二色第十九

黄二色九月末開鵝黄雙紋多葉一花之間自有深淡兩色然此花甚類薔薇菊惟形差小又近蘂多有亂葉不然亦不辨其異種也

甘菊第二十

甘菊生雍州川澤開以九月深黄單葉閭巷小人且能識之固不待記而後見也然余竊謂古菊未有瓌異如今者而陶淵明張景陽謝希逸潘安仁等或愛其香或詠其色或採之於東籬或泛之於酒斝疑皆今之甘菊花也夫以古人賦詠賞愛至於如此而一旦以今菊之盛遂將棄而不取是豈仁人君子之於

物哉故余將以甘菊置於白紫紅菊三品之上其大意如此

酴醾第二十一

酴醾出相州開以九月末純白千葉自中至外長短相次花之大小正如酴醾而枝幹纖柔頗有態度若花葉稍圓加以檀蘂眞酴醾也

玉盆第二十二

玉盆出滑州開以九月末多葉黄心内深外淡而下有闊白大葉連綴承之有如盆盂中盛花狀然人間相傳以謂玉盆菊者大率皆黄心碎葉初不知其得名之由後請疑於識者始以眞菊相示乃知物之見名於人者必有形似之實非講尋無倦或有所遺爾

鄧州白第二十三

鄧州白九月末開單葉雙紋白花中有細蘂出鈴萼中凡菊單葉如薔薇菊之類大率花葉圓密相次（花葉謂頭上白葉非枝葉之葉他稱花葉倣此）而此花葉皆尖細相去稀踈然香比諸菊甚烈而又正爲藥中所用蓋鄧州菊潭所出爾枝幹甚纖柔葉端有支股而長亦不甚青

白菊第二十四

白菊單葉白花蘂與鄧州白相類但花葉差闊相次圓密而枝葉麤繁人未識者多謂此爲鄧州白余亦信以爲然後劉伯紹訪得其眞菊較見其異故譜中别開鄧州白而正其名曰白菊

銀盆第二十五

銀盆出西京開以九月中花中皆細鈴比夏秋萬鈴差疎而形色似之鈴葉之下别有雙紋白葉故人間謂之銀盆者以其下葉正白故也此菊近出未多見至其茂肥得地則一花之大有若盆者焉

順聖淺紫第二十六

順聖淺紫出陳州鄧州九月中方開多葉葉比諸菊最大一花不過六七葉而毎葉盤疊凡三四重花葉空處間有筒葉輔之大率花形枝榦類垂絲棣棠但色紫花大爾余所記菊中惟此最大而風流態度又爲可貴獨恨此花非黄白不得與諸菊爭先也

夏萬鈴第二十七

夏萬鈴出鄜州開以五月紫色細鈴生於雙紋大葉

之上以時别之者以有秋時紫花故也或以菊皆秋生花而疑此菊獨以夏盛按靈寶方曰菊花紫白又陶隱居云五月採今此花紫色而開於夏時是其得時之正也夫何疑哉

秋萬鈴第二十八

秋萬鈴出鄜州開以九月中千葉淺紫其中細葉盡爲五出鐸形而下有雙紋大葉承之諸菊如棣棠是其最大獨此菊與順聖過焉或云與夏花一種但秋夏再開爾今人間起草爲花多作此菊蓋以其瓌美可愛故也

繡毬第二十九

繡毬出西京開以九月中千葉紫花花葉尖闊相次

聚生如金鈴菊中鈴葉之狀大率此花似荔枝菊花中無筒葉而萼邊正平爾花形之大有若大金鈴菊者焉

荔枝第三十

荔枝枝紫出西京九月中開千葉紫花葉卷爲筒謂花葉也凡菊鈴葉有五出皆如鐸鈴之形又有大小相卷生爲筒鐸尖闕者故謂之筒葉他與此同間凡菊鈴并藥皆生托葉之上葉背乃有花萼與枝相連而此菊上下左右攢聚而生故俗以爲荔枝者以其花形正圓故也花有紅者與此同名而純紫者蓋不多爾

垂絲粉紅第三十一

垂絲粉紅出西京九月中開千葉葉細如茸攢聚相

次而花下亦無托葉人以垂絲目之者蓋以枝榦纖弱故也

楊妃第三十二

楊妃未詳所出九月中開粉紅千葉散如亂茸而枝葉細小嫋嫋有態此寶菊之柔媚爲悅者也

合蟬第三十三

合蟬未詳所出九月末開粉紅筒葉花形細者與蘂雜比方盛開時筒之大者裂爲兩翅如飛舞狀一枝之杪凡三四花然大率皆筒葉如荔枝菊有蟬形者蓋不多爾

紅二色第三十四

紅二色出西京開以九月末千葉深淡紅叢有兩色

而花葉之中間生筒葉大小相映方盛開時筒之大者裂爲二三與花葉相雜比茸茸然花心與筒葉中有青黃紅蘂頗與諸菊相異然余怪桃花石榴川木瓜之類或有一株異色者每以造物之付受有不平歟抑將見其巧歟今菊之變其黃白而爲粉紅深紫固可怪而又一株亦有異色並生者也是亦深可怪歟花之形度無甚佳處特記其異爾

桃花第三十五

桃花粉紅單葉中有黃蘂其色正類桃花俗以此名蓋以言其色爾花之形度雖不甚佳而開於諸菊未有之前故人視此菊如木中之梅焉枝葉最繁密或有無花者則一葉之大踰數寸也

雜記

敘遺

余聞有麝香菊者黃花千葉以香得名有錦菊者粉紅碎花以色得名有孩兒菊者粉紅青萼以形得名有金絲菊者紫花黃心以蘂得名嘗訪於好事求於園圃既未之見而説者謂孩兒菊與桃花一種又云種花者剪掐爲之至錦菊金絲則或有言其與別名非菊者若麝香菊則又出陽翟洛人實未之見夫既已記之而定其品之高下又因傳聞附會而亂其先後之次是非余譜菊之意故特論其名色列於記花之後以俟博物之君子證其謬焉

補意

會嘗陪古人之於菊雖賦詠嗟嘆嘗見於文詞而未嘗說其花瓌異如吾譜中所記者疑古之品未若今日之富也今遂有三十五種又嘗聞於蒔花者云花之形色變易如牡丹之類歲取其變者以爲新今此菊亦疑所變也今之所譜雖自謂甚富然搜訪所有未至與花之變易後出則有待於好事者焉君子之於文亦闕其不知者斯可矣若夫掇擷治療之方栽培灌種之宜宜觀於方冊而問於老圃不待予言也

拾遺

黄碧單葉兩種生於山野籬落之間宜若無足取者然譜中諸菊多以香色態度爲人愛好剪鉏移徙或至傷生而是花與之均賦一性同受一色俱有此名

而能遠近山野保其自然固亦無羨於諸菊也余嘉其大意而收之又不敢雜置諸菊之中故特列之於後云

菊譜

後序

菊有黄白二種而以黄爲正人於牡丹獨曰花而不名好事者於菊亦但曰黄花皆所以珍異之故余譜先黄而後白陶隱居謂菊有二種一種莖紫氣香味甘葉嫩可食花微小者爲真菊青莖細葉作蒿艾氣味苦花大名苦薏非真也今吴下惟甘菊一種可食花細碎品不甚高餘味皆苦白花尤甚花亦大隱居論藥既不以此爲真後復云白菊治風眩陳藏器之說亦然靈寶方及抱朴子丹法又悉用白菊蓋與前說相牴牾今詳此惟甘菊一種可食亦入藥餌餘黄白二花雖不可餌皆入藥而治頭風則尚白者此論堅定無疑併著于後

菊譜

（宋）范成大　撰

《菊譜》一卷，又名《范村菊譜》《石湖菊譜》。（宋）范成大撰。范成大（一一二六—一一九三），字至能，一字幼元，早年自號此山居士，晚號石湖居士，平江府吴縣（今江蘇蘇州）人，南宋名臣、文學家，與楊萬里、陸游、尤袤合稱南宋『中興四大詩人』。著有《石湖集》《吴船録》《吴郡志》《桂海虞衡志》等。

該譜成書於淳熙丙午（一一八六），全書共一卷，不到二千字，『蓋其（范成大）以資政殿學士領宫祠家居時作』。首爲序言，次爲菊品介紹，末有後序。作者在『自序』中首先闡述菊爲世人所愛，因而種菊之風日廣；其次介紹了吴下老圃藝菊技術，即所謂打頂，實現一株多花；最後介紹了作譜時間。該譜共録三十六種菊花。菊品方面，范氏以黄、白、雜爲别，陳述其種植的各種菊花。首次提到人們將菊花擺出别致的造型以供觀賞，同時也第一次論述了可食用的菊品種『甘菊』。范氏在『後序』中還闡述了先譜黄色菊花，後譜白色菊花的原因，即黄色菊花更顯『珍異』，同時也介紹了白菊的藥用價值。

該書版本有《百川學海》本、清順治三年（一六四六）宛委山堂刻《説郛》本等。今據南京圖書館藏《百川學海》本影印。

（何彦超　惠富平）

菊譜序

石湖范成大

山林好事者或以菊比君子其說以謂歲華婉娩草木變衰乃獨燁然秀發傲睨風露此幽人逸士之操雖寂寥荒寒中味道之腴不改其樂者也神農書以菊爲養生上藥能輕身延年南陽人飲其潭水皆壽百歲使夫人者有爲於當世醫國惠民亦猶是而已菊於君子之道誠有臭味哉月令以動植志氣候如桃桐華直云始華至菊獨曰菊有黃華豈以其正色獨立不伍衆草變詞而言之歟故名勝之士未有不愛菊者至陶淵明尤甚愛之而菊名益重又其花時秋暑始退歲事既登天氣高明人情舒閒騷人飲流

亦以菊爲時花移檻列斛輦致觴詠間謂之重九節物此非深知菊者要亦不可謂不愛菊也愛者既多種者日廣吳下老圃伺春苗尺許時掇去其顛數日則歧出兩枝又掇之每掇益歧至秋則一榦所出數千百朶婆娑團植如車蓋熏籠矣人力勤土又膏沃花亦爲之屢變頃見東陽人家菊圖多至七十種淳熙丙午范村所植止得三十六種悉爲譜之明年將益訪求他品爲後譜云

菊譜

石湖范成大

菊品

黃

勝金黃　疊金黃
棣棠菊　疊羅黃
麝香黃　太真黃
垂絲菊　千葉小金黃
鴛鴦菊　金鈴菊
毬子菊　單葉小金錢
夏小金鈴　十樣菊
甘菊　野菊

白

五月菊　金杯玉盤

喜容千葉　御衣黃千葉

萬鈴菊　蓮花菊

芙蓉菊　茉莉菊

木香菊　酴醾菊

艾葉菊　白麝香

白荔支　銀杏菊

波斯菊一枝只一葩倒垂如髮之鬈

雜色

佛頂菊　桃花菊

臙脂菊　紫菊一名孩兒

野菊

細瘦枝柯凋衰多野生亦有白者

白

金盞銀臺

心突起瓣黃四邊白

樓子佛頂

心大突起似佛頂四邊單葉

添色喜容

心微突起瓣密且大

纏枝菊

花瓣薄開過轉紅色

玉盤菊

黄心突起淡白緣邊

單心菊

細花心瓣大

樓子菊

層層狀如樓子

萬鈴菊

心茸茸突起花多半開者如鈴

腦子菊

花瓣微縐縮如腦子狀

荼蘼菊

心青黄微起如鵝黄色淺

雜色紅紫

十樣菊

黄白雜樣亦有微紫花頭小

桃花菊

花瓣全如桃花秋初先開色有淺深深秋亦有白者

芙蓉菊

狀如芙蓉亦紅色

孩兒菊

紫萼白心茸茸然葉上有光與他菊異

夏月佛頂菊

五六月開色微紅

後序

菊之開也既黄白深淺之不同而花有落者有不落

菊譜

者蓋花瓣結密者不落盛開之後淺黃者轉白而白色者漸轉紅枯于枝上花瓣扶踈者多落盛開之後漸覺離披遇風雨撼之則飄散滿地矣王介甫武夷詩云黃昏風雨打園林殘菊飄零滿地金歐陽永叔見之戲介甫曰秋花不落春花落爲報詩人子細看介甫聞之笑曰歐陽九不學之過也豈不見楚辭云夕餐秋菊之落英東坡歐公門人也其詩亦有欲伴騷人賦落英與夫却繞東籬嗅落英亦用楚辭語耳王彥賓言古人之言有不必盡循者如楚辭言秋菊落英之語余謂詩人所以多識草木之名蓋爲是也歐王二公文章擅一世而左右佩紉彼此相笑豈非於草木之名猶有未盡識之而不知有落有不落者

耶王孝實之徒又從而爲之贅疣蓋益遠矣若夫可餐者乃菊之初開芳馨可愛耳若夫衰謝而後落豈復有可餐之味楚辭之過乃在於此或云詩之訪落[redacted]落訓始也意落英之落蓋謂始開之花耳然則介甫之引證殆亦未之思歟或者之說不爲無據余學爲老圃而頗識草木者因併書于菊譜之後淳熙歲次乙未閏九月望日吳門老圃敘

菊譜

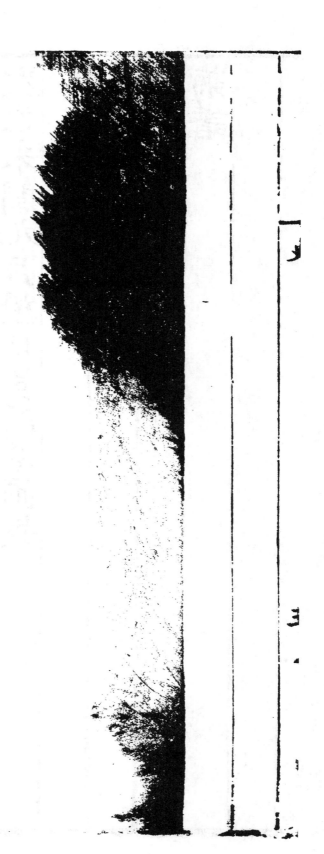

百菊集譜

（宋）史鑄 撰

《百菊集譜》，（宋）史鑄撰。史鑄，字顔甫，號愚齋，北宋山陰（今浙江紹興）人。該書匯輯各家專譜，加上史氏自撰的新譜，以及諸書所載有關菊的故事，故曰『集譜』。該書於淳祐二年（一二四二）編成，四年之後補入胡融之譜，後來又作『菊史補遺』一卷。《四庫全書總目提要》『譜錄類』著錄。

全書六卷，卷首、菊史補遺各一卷。卷首列舉菊的品種一百六十多個。第一、二兩卷輯錄周師厚《洛陽花木記》中所載的菊名和劉蒙、史正志、范成大、沈競等譜，再加上史氏所作的新譜，分别標名爲洛陽、虢地、吴中、石湖、禁苑及諸州、越中等品類。第三卷包括種藝、故事、雜説、方術、辨疑、詩話等六個部分。第五卷主要是對胡融譜中部分内容的摘錄。第四、六兩卷則全是有關菊的辭章詩賦，與園藝學無關。

該書有《山居雜誌》本和單行本。今據上海圖書館藏明萬曆間刻本影印。

（惠富平）

百菊集譜序

萬卉蕃廡於大地惟菊傑立於風霜中敷華吐芬出乎其類所以人皆貴之至於名公佳士從為譜者凡數家可謂討論多矣鑄晚年亦愛此成癖且欲多識其品目未免周詢博採有如元豐中鄞江周公師厚所記洛陽之菊二十有六品即洛陽花木記崇寧中彭城劉公蒙所譜號地之菊三十有五品淳熙乙未省郎史公正志所譜吳門之菊二十有八品淳熙丙午大參范公成大所譜石湖之菊三十有六品近而嘉定癸酉吳中沈公　乃摭取諸州之菊及上至于禁苑所有者

總九十餘品以著于篇菊名篇第四亦一譜也凡此一記四譜俱行於世此外又有文保雍一譜求之未見鑄自端平至于淳祐凡七年間始得諸本且每得一本快覩諦玩竊有疑焉如九華一品此正供淵明所賞者也在昔先生所植甚多嘗以是形於九日詩序今也幾歷千載其名猶聞於杭越間流芳不絕然愚求於記譜中奈何皆闕之豈彼四方之廣土此品未嘗有邪豈道里限隔此名或呼之異邪豈群賢作譜採訪有所未至邪胡為品目之未備吁可惜也於是就吾鄉徧涉姝園搜拾所有悉市種而植之俟其花盛開乃

備述諸形色而紀之有疑而未辨則問於好事而質之夫如是則古稱九華者於斯復見矣且至於四十品若濫號假名者不與其數是爲越譜至此一記五譜班班品列名曰百菊集譜今去其重複凡有百六十三名今則特加種藝與夫故事詩賦之類畢萃於此庶幾可以併廣所聞云

時淳祐壬寅夏五既望愚齋史鑄序

諸菊品目

九華菊名見陶淵明集今以此品居首者尊古也

佛頂菊亦名佛頂菊黃佛頂大佛頂小佛頂樓子佛頂夏月佛頂

御愛黃

御袍黃深色淺色

御衣黃

勝金黃大金黃小金黃

側金盞

金絲菊

金錢菊大金錢小金錢千葉小金錢單葉小金錢賽金錢

金鈴菊亦名塔子菊大金鈴小金鈴夏金鈴秋金鈴

金萬鈴夏萬鈴秋萬鈴

金鞍菊

金盞銀臺亦名水仙菊

金盞金臺

金盃玉盤

金井銀欄

金井玉欄

滴滴金夏菊也

蒲堂金

銷金菊

銷金北紫

銷銀黃菊

玉盤盂

玉鈴菊

玉甌菊

玉盆菊

銀盤菊

輪盤菊

銀臺菊

銀盆菊

珠子菊

水晶菊

玉毬菊

繡毬菊

毬子黃　錦菊
繡菊　疊金黃亦名明州黃
疊羅黃　白疊羅
垂絲菊黃色　垂絲粉紅
鋪茸菊　蹙線菊
荔枝菊白荔枝　銀杏菊
橙黃菊　柑子菊
枇杷菊　寄友菊
酴醾菊黃色白色　木香菊黃色白色

丁香菊　桃花菊
牡丹菊　素馨菊黃色白色
棣棠菊　末利菊
薔薇菊　蓮花菊附荷菊
芙蓉菊　鷄冠菊
蠟梅菊　松菊
柿葉菊　柳條菊
樝子菊　茱萸菊
艾菊　龍腦菊

新羅菊黃色白色　鄧州黃
鄧州白　明州黃
泰州黃　淮南菊
襄陽紅　大笑菊大笑亦一花名
笑靨菊黃色白色　喜容菊黃色白色
添色喜容喜容千葉　都勝菊
纏枝菊黃色白色　徘徊菊
甘菊　野菊黃色白色
藤菊亦名一丈黃　寒菊黃色白色

春菊　五月菊
九日菊　十月白
十樣菊　黃二色
紅二色　樓子菊
鞍子菊　腦子菊
麝香黃白麝香　燕脂菊
粉團菊　凌風菊
朝天菊　月下白
楊妃菊粉紅色　楊妃裙黃色

太眞黄　孩兒菊黄色白色粉紅色
波斯菊　鴛鴦菊
鷺鷥菊　鵝兒菊
鵝毛菊　蜂兒菊
蜂鈴菊　碧蟬菊
合蟬菊　五色菊
紫菊　順聖淺紫
石菊其色有三故附於此　丹菊九月開
紅菊五月開附乾紅菊　碧菊

青心菊　單心菊
黄簇菊　鐵脚黄鈴菊
黒葉兒菊　鈸兒菊
釵頭菊

右一百三十一名間於其下又有附注者三十二是總計一百六十三名也然世謂此花有七十二品若以此數求其一州之所有則不足若求於四方則遂出此數之外蓋菊之爲態栽植年深苟得其宜則其間形色或有變易者故種類滋多命名非一殆不可以數計也况遐方異俗所呼不同或一品至於有三四名者以是考之則知此品目猶未免有重複也覽者當知之

一種而五名
藤菊　一丈黄
枝亭菊　棚菊
朝天菊

一種而四名
九華菊兩層者　一笑菊單層者

枇杷菊　栗葉菊
凡一種有二三名者各見於逐品之下更不再表出

百菊集譜目録

目録終

百菊集譜卷第一

宋　山陰史鑄著
明　新安程榮校

洛陽品類

鄞江周師厚　愚齋云公因倅洛陽作洛陽花木記愚今於記中惟摭取菊名列於此若乃諸形狀據元本皆不該

菊單葉　金鈴菊　紫簳子
萬鈴菊　毬子菊　鷄冠菊
地棠菊　千葉大黃菊　五色菊

粉紅菊　碧菊　千葉晚紅菊
黃簇菊　柿葉菊　青心菊
葉紅菊　黃窠廷子　探白子
白菊　六月紫菊　紅香菊
釵頭菊　紫菊亦謂之旱蓮　金錢菊一名夏菊
川金錢深紅色單葉　川剪金

號地品類

彭城劉蒙撰譜　愚齋云公因至伊水旅寓見菊作此

叙曰草木之有花浮冶而易壞凡天下輕脆難久之物者皆以花比之宜非正人達士堅操篤行之所好也然余嘗觀屈原之爲文香草龍鳳以比忠正而菊與菌桂荃蕙蘭芷江離同爲所取又松者天下歲寒堅正之木也而陶淵明乃以松名配菊連語而稱之夫屈原淵明實皆正人達士堅操篤行之流至於菊猶貴重之如此是菊雖以花爲名固與浮冶易壞之物不可同年而語也且菊有異於物者獨以秋花悅茂於風霜搖落之時此其得時者異也云云説疑曰或謂菊與苦薏有兩種疑今譜中或有非菊者也然

余嘗讀陶隱居之説以謂莖紫色青作蒿艾氣爲苦薏今余所記菊中雖有莖青者然而爲氣香味甘枝葉纖少或有味苦者而紫色細莖亦無蒿艾氣今人間相傳爲菊其已久矣故未能輕取舊説而棄之也○日華子曰花大者爲甘菊花小而苦者爲野菊若種園蔬肥沃之處復同一體是小可變而爲甘也如是則單葉變而爲千葉亦有之矣○若夫馬蘭爲紫菊瞿麥爲大菊烏喙苗爲鴛鴦菊旋覆花爲艾菊與其他妄濫而竊菊名者皆所不取云　愚齋云鯛陽居士所編復雅詞

云鴛鴦菊乃豆蔻花也其花類百合而小比牽牛花差大紅紫色中心有雙須須之端爲雙鴛鴦之形其葉如菊葉而極大淮南二三月開花

定品曰或問菊奚先曰先色與香而後態然則色奚先曰黄者中之色其次莫若白陳藏器云白菊生平澤花紫者白之變紅者紫之變也此紫所以爲白之次而紅所以爲紫之次或曰花以艶媚爲悦而子以態爲後歟曰吾嘗聞於古人矣妍卉繁花爲小人而松竹蘭菊爲君子安有君子而以態爲悦乎至於具香與色而又有態是猶君子而有威儀也〇菊之黄

者未必皆勝而置于前者正其色也菊之白者未必皆劣而列于中者次其色也

龍腦菊　一名小銀臺出京師類金萬鈴而葉尖其色類滌鬱金而外葉純白其香氣芬烈似龍腦其中稱葉者謂花頭上葉也非枝葉之葉　定品云菊有名龍腦者具香與色而態不足者也然余以此爲之冠者亦君子貴其質焉

新羅菊　一名玉梅一名倭菊出海外千葉純白長短相次而花葉尖薄鮮明瑩徹若瓊瑶然

都勝菊　出陳州鵝黄千葉葉形圓厚有雙紋而內外大小重疊相次凡菊無態度者枝葉累之也此菊細枝少葉嫋嫋有態故以都勝目之

御愛菊　出京師或云出禁中一名笑靨一名喜容淡黄千葉葉有雙紋齊短而闊葉端有兩缺內外鱗次

玉毬菊　出陳州多葉白花近蘂微有紅色花外大葉有雙紋瑩白齊長而蘂中小葉如剪茸以玉毬目之者以其有圓聚之形也

玉鈴菊　純白千葉中有細鈴

金萬鈴　深黄千葉而葉有鐸形或有花密枝褊者謂之鞍子菊實與此花一種

大金鈴　深黄有鈴如鐸形花爲五出細花下有大葉承之

銀臺菊　出洛陽葉有五出而下有雙紋白葉承之初疑與龍腦菊一種但花形差大且不甚香

棣棠菊　出西京深黄雙紋多葉自中至外長短相次如千葉棣棠狀大如諸菊一枝聚生至十餘朶

顏色鮮好

蜂鈴菊　千葉深黄花形圓小而中有鈴葉擁聚蜂起細視若有蜂窠之狀

鵝毛菊　淡黄纖細如毛生於花萼上自内自外葉皆一等但長短上下有次爾

毬子菊　深黄千葉尖細重疊皆有倫理一枝之杪聚生百餘花若小毬諸菊最小無過此者

夏金鈴　出西京開以六月深黄千葉與金萬鈴相類而花頭瘦小不甚鮮茂蓋以生非時故也

秋金鈴　出西京深黄雙紋重葉花中細蘂皆出小鈴萼中其萼亦如鈴葉

金錢菊　出西京深黄雙紋重葉似大金菊而花形圓齊頗類滴滴金

鄧州黄　單葉雙紋深於鵝黄淺於鬱金中有細葉出鈴萼上形似鄧州白但差小爾（愚齋云本草圖經有鄧州菊花）

薔薇菊　深黄雙紋單葉如野薔薇有黄細蘂出小鈴萼中枝幹差細葉有支股而圓

黄二色　鵝黄雙紋多葉一花之間自有深淡兩色甚類薔薇菊惟形差小近蘂多有亂葉

甘菊　生雍州川澤深黄單葉閭巷之人且能識之固不待記而後見也余竊謂古菊陶淵明張景陽謝希逸潘安仁等或愛其香或詠其色或採於東籬或泛於酒斝疑皆今之甘菊也

酴醾菊　出相州純白千葉自中至外長短相次花之大小正如酴醾

玉盆菊　出滑州多葉黄心内深外淡而下有闊白大葉連綴承之有如盆盂中盛花狀

鄧州白　單葉雙紋白花中有細蘂出鈴萼中葉皆尖細相去稀踈香比諸菊甚烈蓋鄧州菊潭所出

白菊　單葉白花蘂與鄧州白相類但花葉差闊相次圓密而枝葉麤繁人未識者謂爲鄧州白後較見其異故譜中別開鄧州白而正其名曰白菊

銀盆菊　出西京花中皆細鈴鈴葉之下別有雙紋白葉故謂之銀盆

順聖淺紫　出陳州鄧州多葉葉比諸菊最大一花不過六七葉而每葉盤疊凡三四重花葉空處閒

有筒葉輔之余所記菊中惟此最大

夏萬鈴　出鄜州開以五月紫色細鈴生於雙紋大葉之上按靈寶方曰菊花紫白陶隱居云五月採今此花紫色而開於夏是得時也

秋萬鈴　出鄜州千葉淺紫其中細葉盡爲五出鐸形而下有雙紋大葉承之

綉毬菊　出西京千葉紫花花葉尖闊相次聚生如金鈴菊中鈴葉之狀

荔枝菊　枝紫出西京千葉紫花葉卷爲筒謂花葉也凡菊鈴葉有五出皆如鐸鈴之形又有卷生爲筒無尖缺者故謂之筒葉大小相間凡菊鈴并蘂皆生托葉之上葉背乃有花萼與枝相連而此菊上下左右攢聚而生故俗以爲荔枝者以其花形正圓故也花有紅者與此同名

垂絲粉紅　出西京千葉葉細如茸攢聚相次花下亦無托葉

楊妃菊　粉紅千葉散如亂茸而枝葉細小嫋嫋有態

合蟬菊　粉紅筒葉花形細者與蘂雜比方盛開時筒之大者裂爲兩翅如飛舞狀一枝之杪凡三四

花

紅二色　出西京千葉深淡紅叢有兩色而花葉之中間生筒葉大小相映方盛開時筒之大者裂爲二三與花葉相雜比茸茸然

桃花菊　粉紅單葉中有黃蘂其色正類桃花開於諸菊未有之前自龍腦第一至桃花第三十五皆是依元本之次第也其間銀臺白菊桃花三種不該所開之時惟夏萬鈴開於五月夏金鈴開於六月餘三十種皆於九月開也

敘遺曰余聞有麝香菊者黃花千葉以香得名有錦菊者粉紅碎花以色得名有孩兒菊者粉紅青萼以形得名有金絲菊者紫花黃心以蘂得名嘗訪於好事求於園圃既未之見故特論其名色列於記花之後

補意曰余疑古之菊品未若今日之富也嘗聞於蒔花者云花之形色變易如牡丹之類歲取其變者以爲新今此菊亦疑所變也

吳中品類

吳門老圃史正志　撰譜　愚齋云公退朝歸休

治圃栽菊作此

敘曰菊草屬也以黄爲正是以槩稱黄花所宜貴者苗可以菜花可以藥囊可以枕醸可以飲所以高人隱士籬落畦圃之間不可無此花也陶淵明植於三徑采於東籬裛露掇英汎以忘憂鍾會賦以五美謂圓華高懸準天極也純黄不雜后土色也早植晚登君子德也冒霜吐頴象勁直也杯中體輕神僊食也其爲所重如此然品類有數十種而白菊一二年多有變黄者余在二水植大白菊百餘株次年盡變爲黄花云云　○愚按歐陽詢藝文類聚所引作流中輕體

○黄

大金黄　心密花瓣大如大錢

小金黄　心微紅花瓣鵝黄葉翠大如衆花

佛頭菊　無心中邊亦同

小佛頭　同上微小又云疊羅黄

金墊菊　比佛頭頗瘦花心微窪

金鈴菊　心微青紅花瓣鵝黄色葉小又云明州黄

深色御袍黄　心起突色如深鵝黄

淺色御袍黄　中深　心小花瓣稀

金錢菊

毬子黄　中邊一色突起如毬子

棣棠菊　色深黄如棣棠狀比甘菊差大

甘菊　色深黄比棣棠頗小

野菊　細瘦枝柯凋衰多野生亦有白者

○白

金盞銀臺　心突起深黄四邊白

樓子佛頂　心大突起似佛頂四邊單葉

添色喜容　心微紅花瓣密且大

纏枝菊　花瓣薄開過轉紅色

玉盤菊　黄心突起淡白緣邊

單心菊　細花心瓣大

樓子菊　層層狀如樓子

萬鈴菊　心茸茸突起花多半開者如鈴

腦子菊　花瓣微鶵縮如腦子狀

荼蘼菊　心青黄微起如鵝黄淺色

○雜色紅紫

十様菊　黄白雜様亦有微紫花頭小

桃花菊　花瓣全如桃花秋初先開色有淺深深秋
亦有有白者

芙蓉菊　狀如芙蓉亦紅色

孩兒菊　紫萼白心茸茸然葉上有光與他菊異

夏月佛頂菊　五六月開色微紅

後叙曰花有落者有不落者蓋花瓣結密者不落盛開之後淺黄者轉白而白色者漸轉紅枯于枝上花瓣扶踈者多落盛開之後漸覺離披遇風雨撼之則

飄散滿地矣云云

石湖品類

石湖范　成大　撰譜并序

山林好事者或以菊比君子其說以爲歲華晼晚草木變衰乃獨燁然秀發傲睨風露此幽人逸士之操雖寂寥荒寒而味道之腴不改其樂者也神農書以菊爲養性上藥能輕身延年南陽人飲其潭水皆壽百歲使夫人者有爲於當年醫國庇民亦猶是而已菊於君子之道誠有臭味哉云云

○黄花

勝金黄　一名大金黄菊以黄爲正此品最爲豐縟而加輕盈花葉微尖但條梗纖弱難得團簇作大本須留意扶植乃成

疊金黄　一名明州黄又名小金黄花心極小疊葉穠密狀如笑靨花有富貴氣開早

棣棠菊　一名金餅子花纖穠酷似棣棠色深如赤金它花色皆不及蓋奇品也窠株不甚高金陵最多

疊羅黄　狀如小金黄花葉尖瘦如剪羅縠三兩花自作一高枝出叢上意度蕭灑

麝香黄　花心豐腴傍短葉密承之格極高勝亦有白者大略似白佛頂而勝之遠甚吳中比年始有

千葉小金錢　略似明州黄花葉中外疊疊整齊心甚大

太真黄　花如小金錢加鮮明

單葉小金錢　花心尤大開最早重陽前已爛熳

垂絲菊　花蕊深黄莖極柔細隨風動搖如垂絲海

棠

鴛鴦菊　花常相偶葉深碧

金鈴菊　一名荔枝菊舉體千葉細瓣簇成小毬如小荔枝枝條長茂可以攬結江東人喜種之有結爲浮圖樓閣高丈餘者余頃北使過欒城其地多菊家家以盆盎遮門悉爲鸞鳳亭臺之狀即此一種

毬子菊　如金鈴而差小二種相去不遠其大小名字出於栽培肥瘠之别

小金鈴　一名夏菊花如金鈴而極小無大本夏中開

藤菊　花密條柔以長如藤蔓可編作屏障亦名棚菊種之坡上則垂下裊數尺如纓絡尤宜池潭之瀕愚齋按沈氏菊譜後有補遺云吉州太和有菊蔓生各一丈黃土人引以爲屏

十樣菊　一本開花形模各異或多葉或單葉或大或小或如金鈴往往有六七色以成數通名之曰十樣衢嚴間花黃杭之屬邑有白者

甘菊　一名家菊人家種以供蔬茹凡菊葉皆深綠而厚味極苦或有毛惟此葉淡綠柔瑩味微甘咀嚼香味俱勝擷以作羹及泛茶極有風致天隨子所賦即此種花差勝野菊甚美本不繁花

野菊　旅生田野及水濱花單葉極瑣細

○白花

五月菊　花心極大每一鬚皆中空攢成一匾毬子紅白單葉繞承之每枝只一花徑二寸葉似同蒿夏中開近年院體畫草蟲喜以此菊寫生

金杯玉盤　中心黃四傍淺白大葉三數層花頭徑

三寸菊之大者不過此本出江東比年稍移栽吳下此與五月菊二品以其花徑寸特大故列之於前

喜容千葉　花初開微黃花心極小花中色深外微暈淡欣然丰艷有喜色甚稱其名久則變白尤耐封殖可以引長七八尺至一丈亦可攬結白花中高品也

御衣黃　千葉花初開深鵝黃大略似喜容而差踈瘦久則變白

萬鈴菊　中心淡黄錢子傍白花葉繞之花端極尖
香尤清烈
蓮花菊　如小白蓮花多葉而無心花頭疎極蕭散
清絶一枝只一葩緑葉亦甚纖巧
芙蓉菊　開就者如小木芙蓉尤穠盛者如樓子芍
藥但難培植多不能繁橆
茉莉菊　花葉繁縟全似茉莉緑葉亦似之長大而
圓淨
木香菊　多葉略似御衣黄初開淺鵝黄久則淡白

花葉尖薄盛開則微卷芳氣最烈一名腦子菊
酴醿菊　細葉稠疊全似酴醿比茉莉差小而圓
艾葉菊　心小葉單緑葉尖長似蓬艾
白麝香　似麝香黄花差小亦豐腴韻勝
白荔枝　與金鈴同但花白耳
銀杏菊　淡白時有微紅花葉尖緑葉全似銀杏葉
波斯菊　花頭極大一枝只一葩喜倒垂下久則微
捲如髮之鬈
佛頂菊　亦名佛頭菊中黄心極大四傍白花一層

繞之初秋先開白色漸沁微紅
桃花菊　多葉至四五重粉紅色濃淡在桃杏紅梅
之間未霜即開最爲妍麗中秋後便可賞以其質
如白之受采故附白花
燕脂菊　類桃花菊深紅淺紫比燕脂色尤重比年
始有之此品既出桃花菊遂無顔色蓋奇品也姑
附白花之後
紫菊　一名孩兒菊花如紫茸叢茁細碎微有菊
香或云即澤蘭也以其與菊同時又常及重九故

附於菊

百菊集譜卷第二

宋　山陰史鑄著

明　新安程榮校

諸州及　禁苑品類

吳人沈競　撰譜（元本列爲六篇愚今乃分入集譜諸門）

潛山朱新仲有菊坡所種各分品目玉盤盂與金鈴菊其花相次又有春菊花小而微紅者有佛頭菊花不作瓣而爲小筒様者有枇杷菊葉似枇杷花似金盞銀盤而極大却不甚香有丁香菊花小而外紫内白者

至今舒州菊多品如蜂兒菊者鵝黃色水晶菊者花面甚大色白而透明又有一種名茉利菊者初開花小四瓣如茉利既開花大如錢

潛江品類甚多有鋪茸菊色緑其花甚大光如茸二月間開

今臨安有大笑菊其花白心黃葉如大笑或云即枇杷菊

頃在長沙見菊亦多品如黃色曰御愛笑靨孩兒黃滿堂金小千葉丁香壽安真珠白色曰疊羅艾葉毬白餅十月白孩兒白銀　大而色紫者曰荔枝菊又有五月開者

他處有所謂十様菊者一叢之上開花凡十種如大金錢小金錢金盞銀盤則在在有之

如婺女則有銷金北紫菊紫瓣黃沁銷銀黃菊黃瓣白沁有乾紅菊花瓣乾紅四沁黃色即是銷金菊三菊乃佛頭菊種也

浙間多有荷菊日開一瓣開足成荷花之形衆菊未

開則不開衆菊已謝則不謝又有腦子菊其香如腦子花色黃如小黃菊之類又有茱萸菊麝香菊水僊菊水僊者即金盞銀臺也

金陵有松菊枝葉勁細如松其花如碎金層出于密葉之上予在豫章嘗見之

臨安西馬城（一作塍）園子每歲至重陽謂之鬬花各出奇異有八十餘種予不暇悉求其名有爲予於禁中大園子得菊品近六十種多與外間同名者姑次第之

御袍黃菊 大花頭　御衣黃 小花頭
白佛頭 花早　黃佛頭 花晚
黃新羅　白新羅
戴笑菊 即大笑菊　橙子菊
薔薇菊　末利菊
楂子菊 花小色黃香如楂子　大金錢
小金錢　金盞銀臺
金盞金臺　明州黃
泰州黃　黃素馨

白素馨　黃木香
白木香　牡丹菊
黃酴醾　白酴醾
大金黃　小金黃
夏菊 花與佛頭一同五月開　桃花菊 八月開
銷金菊　金鈴菊
感線菊　燕脂菊
白喜容　黃喜容
黃笑靨　白笑靨

金井銀欄　金井玉欄
鵜兒菊　棣棠菊
丁香菊　萬鈴菊 蘇州出高枝兒
玉盆菊　鐵脚黃鈴
黑葉兒　輕黃菊
黃纏枝　白纏枝
勝金黃　賽金錢
早紫菊 四月　早蓮菊
團圓菊　柳條菊

枝亭菊 枝梗甚長用杖子撑即籬菊一丈黃　鞍子菊 雙心兒牽長
碧蟬菊 青色　鈸兒菊 一種紫梗開早一種青梗開晚

越中品類

山陰菊隱史鑄撰譜

以下諸菊之次第所排近似失序此蓋粗以形色之高下而爲列非徒徇名而已比之前後二目不同○凡菊之開其形色有三節不同謂始中末也今譜中所紀多紀其盛開之時

○黃色

勝金黃 花頭大過折二錢明黃瓣青黃心瓣有五

六層花片比大金黃差小上有細脉枝杪凡三四花一枝之中有少從蘂顔色鮮明玩之快人心目

大金錢開遲　大僅及折二心瓣明黃一色其瓣五層此花不獨生於枝頭乃與葉層層相間而生香色與態度皆勝

金絲菊　花頭大過折二深黃細瓣凡五層一簇黃心甚小與瓣一色顔色可愛名爲金絲者以其花瓣顯然起紋絡也十月方開此花根荄極壯

小金黃　花頭大如折二心瓣黃皆一色開未多日

其瓣鱗鱗六層而細態度秀麗經多日則面上短瓣亦長至於整整而齊不止六層蓋爲狀先後不同也如此綠葉頗小

客友菊　花頭大過折三明黃闊片花瓣形色不在諸品之下初開時長短不齊開及其盛乃齊至於六層其中如抽芽數條短短小心與瓣爲一色狀如春間黃客友花窠株低矮綠葉最繁密見霜則周圍葉綠變紫色

橙菊亦名金毬菊　此品花瓣與諸菊絕異含蘂之時狀如粉團菊黃色不甚深其瓣成筩排竪生於蕚上後

乃開作小片婉變至於成團衆瓣之下又有統諸一層承之亦猶橙皮之外包也其中無心愚齋云據愚視之橙黃菊與粉團菊必是一種但橙小粉大及色異耳

大金黃　花頭大如折三錢心瓣黃皆一色其瓣五六層花片亦大一枝之杪多獨生一花枝上更無從蘂綠葉亦大其梗濃紫色

側金盞　此品類大金黃其大過之有及一寸八分者瓣有四層皆整齊花片亦闊大明黃色深黃心一枝之杪獨生一花枝中更無從蘂名以側金盞者以其花大而重欹側而生也綠葉亦大其梗淡紫

小金錢開早　大於小錢明黃瓣深黃心其瓣齊齊三層花瓣展其心則舒而爲筩

御愛黃　花頭大如小錢淡黃色其狀與御袍黃相類但此花瓣頗細凡五六層向上二三層黃色鮮明向下層則色帶微白層層鱗次不齊心乃明黃色其細小料十餘縷耳

御袍黃　花頭大如小錢淡黃色其狀略觀之與御愛黃相類但此花瓣頗闊凡五層此色上下層同上下層

層稍齊心乃深黃色比之御愛黃細視則不同况
此心又有大小之別
黃佛頭　花頭不及小錢明黃色狀如金鈴菊中外
不辨心瓣但見混同純是碎葉突起甚高又如白
佛頭菊之黃心也
九日黃　大如小錢黃瓣黃心心帶微青瓣有三層
狀類小金錢但此花開在金錢之前也開時或有
不甚盛者惟地土得宜方盛綠葉甚小枝梗細瘦
黃寒菊　花頭大如小錢心瓣皆深黃色瓣有五層

甚細開至多日心與瓣併而爲一不止五層重數
甚多聳突而高其香與態皆可愛狀類金鈴菊莖
大耳
荔枝菊　花頭大於小錢明黃細瓣層層鱗次不齊
中央無心鬚乃簇簇未展小葉至開遍凡十餘層
其形頗圓故名荔枝菊此香清甚姚江士友云其
花黃狀似楊梅
茱萸菊

末利菊　花頭巧小淡淡黃色一蕊只十五六瓣或至二十片
一點綠心其狀似末利花不類諸菊葉即菊
也毋枝條之上抽出十餘層小枝枝皆簇簇有蕊
艾菊

金鈴菊　花頭甚小如鈴之圓深黃一色其幹之長
與人等或言有高近一丈者可以上架亦可蟠結

爲塔故又名塔子菊一枝之上花與葉層層相間
有之不獨生於枝頭綠葉尖長七出凡菊葉多五出例皆不該
甘菊　陶隱居云菊有兩種一種莖紫氣香而味甘
一種青莖作蒿艾氣而味苦曰華子亦云菊有兩
種花大氣香莖紫者爲甘菊花小氣烈莖青者名
野菊楊損之云甘者入藥苦者不任史氏譜云甘
菊色深黃野菊枝柯細瘦劉氏譜云甘菊深黃單
葉閭巷人能識之固不待記而雅籍謂古菊陶淵
明等採於東籬泛於酒斝疑皆今之甘菊也今據

本草諸書所載二者較然可見矣

滴滴金（夏菊也） 花頭巧小或有如折二大者蓋所産之地不同也花瓣最細凡二三層明黃色心乃深黃中有一點微綠自六月開至八月俗說遍地生苗者由花稍頭露水滴而出也故名滴滴金予嘗與好事者斸地驗其根其根即無聯屬方知此說不妄

野菊（亦有三兩種） 花頭甚小單層心與瓣皆明黃色枝莖極細多依倚他草木而長（葉七出上聲綠） 又有一種其花

初開心如旱蓮草開至淡日則旋吐出蜂鬚周圍蒙茸然如蓮花鬚之狀枝莖頗大（綠葉五出吾鄉能仁寺側府城牆上最多）

○白色

九華菊 此品乃淵明所賞之菊也今越俗多呼爲大笑其瓣兩層者本曰九華白瓣黃心花頭極大有闊及二寸四五分者其態異常爲白色之冠香亦清勝枝葉疎散九月半方開昔淵明嘗言秋菊盈園其詩集中僅存九華之一名（今以重瓣大笑爲九華此得於諸士友之說九畦丁率皆不知若姚江士夫又稱九華爲大佛頂○或謂九華綠葉與諸菊葉不相類疑非菊之正品然愚嘗觀本草圖經所畫鄧州菊衞州菊此二名品亦皆是混淨之葉未見其有出稜角者且古人別菊惟在於臭味豈拘拘論其葉哉）

大笑菊 白瓣黃心本與九華同種其單層者爲大笑花頭差小不及兩層者之大其葉類栗木葉亦名栗葉菊

佛頂菊 大過折二或如折三單層白瓣突起淡黃心初如楊梅之肉蕾後皆舒爲筒子狀如蜂窠末後突起甚高又且最大枝幹堅麄葉亦麄厚又名

佛頭菊（一種每枝多直生上只一花少有旁出枝○一種每一枝頭乃分爲三四小枝各一花）

淮南菊 先得一種白瓣黃心瓣有四層上層抱心微帶黃色下層顯淡純白大不及折二枝頭一簇六七花後又得一種淡白瓣淡黃心顏色不相染惹瓣有四層一枝攢聚六七花其枝杪六花如六面仗鼓相抵然惟中央一花大於折三餘者稍小予視之疑非一種園丁乃言所産之地力有不同也大率此花自有三節不同初開花面微帶黃色中節變白至十月開過見霜則變淡紫色且初開

之辯只見四層開至多日乃至六七層花頭亦加
大焉

酴醾菊

木香菊　大過小錢白瓣淡黃心瓣有三四層頗細
狀如春架中木香花又如初開纏枝白但此花頭
舒展稍平坦耳亦有黃色者

粉團菊 亦名玉毬菊　此品與諸菊絕異含蕊之時淺黃色

又帶微青花瓣成筩排豎生於萼上其中央初看
一似無心狀如橙菊盛開則變作一團純白色其
形甚圓其香頗烈至白瓣彫謝方見瓣下有如心
者甚大其白瓣皆匼匝出於上也經霜則變紫色
尤佳 綠葉甚麄其梗柔弱

開則短至多日則攢出近於齊長巧小淡黃心瓣
凡五層開至末後則瓣增多至於七層側看如千
葉白蓮其態秀麗枝條婀娜其葉稍窄亦名甌子
菊見霜則色變淡紫

玉甌菊　或言甌子菊即纏枝白菊也其開層數未
及多者以其花瓣環拱如甌盞之狀也至十月經
霜則變紫色

金盞銀臺　大如折二此以形色而爲名也惟初開
似之爛開則其狀輒變

寒菊　大過小錢短白瓣開多日其瓣方增長明黃
心心乃攢聚碎葉突起頗高枝條柔細十月方開

徘徊菊　淡白瓣黃心色帶微綠瓣有四層初開時
先吐瓣三四片只開就一邊未及其餘開至旬日
方及周徧花頭乃見團圓按字書徘徊爲不進此
花之開亦若是矣其名不妄十月初方開或有一
枝花頭多者至攢聚五六顆近似淮南菊

銀盤菊　白瓣二層黃心突起頗高花頭或大或小
不同想因其地有肥瘠之故也

輪盤菊

○紅色

桃花菊（又名桃紅菊）花瓣如桃花粉紅色一朶凡十三四片開時長短不齊經多日乃齊其心黄色内帶微綠此花齅之無香惟撚破聞之方知有香至中秋便開開至十餘日漸變爲白色或生青蟲食其花片則衰矣（其綠葉甚細小）

繡菊

石菊（即古之大菊也）花瓣五出有紫色者有深紅色者有深紅粉緣者各有種也其萼長而小其莖有節其葉亦頗類竹故又名石竹諸色皆自五月而開（或有者至七月方開）惟紫色者開至八九月方衰（衰即結實）或云石菊結實爲蘧麥愚按爾雅云大菊蘧麥也本草云瞿麥一名大菊陶隱居士一莖生細葉花紅紫赤可愛子頗似麥日華子云又名石竹本草圖經曰生泰山及淮甸今處處有之苗高一尺以來葉尖小二月至五月開七月結實頗似麥故名之（予以本土所産石菊參照爾雅本草所言大菊之形色固相似矣然本土所産者初未審有實無實爲疑遂問諸老圃皆云未嘗有結實者至甲辰八月予於僧舍見紫色一種就摘花瓣脫盡一殘萼撚破驗其子之有無其中果有一粒如細麥者存焉粒中仍有如掐之一痕易爲辨認次以摘花瓣未脫者一萼亦撚破驗之其中所存者與前一同陶隱居又云立秋採實實中子至細故予今撚破其萼以視實復撚破其實以視中有何物果見有如鰕子者細不可數也予初爲老圃所惑故詳記之按劉蒙說疑曰瞿麥爲大菊此乃妄濫竊名者皆所不取愚齋亦云此品石菊初以其花與朶比之諸品不同且顏色夭冶兼乏芬馥清致當以格外菊處之亦列此名於濫號品中後考結實有據乃知即古之大菊也竊以爾雅本草既載其名其來也遠以是論之非所宜輕於是陞於正品紅色之後云）

○濫號

孩兒菊　白瓣黄心其狀與諸菊迥然不同自七月開至九月其葉甚纖按劉氏譜其後叙遺乃言孩兒菊粉紅色如此則比越中所有者不同也按史氏譜入此於紅紫品中愚今以本土所出者品格最下兼之無香可取故降於是也（或言此花與葉既不類菊而世俗皆呼爲孩兒菊者何也予意其名以孩兒者爲品卑微之謂也呼以爲菊者數榮能久之謂也或謂此花本名鵝兒菊）

○假名

春菊　蒿萊花是也三月末開花頭大及二寸金
彩鮮明不減於菊東嶽社會日人取以粧花檐花
籃即此物也

紫菊　馬蘭花是也八九月開大觀本草云生澤
傍北人見其花呼爲紫菊以其花似菊而紫也王
峯先生汪擇善詩集又以旱蓮亦名紫菊有詩一
篇愚竊謂此二花其物性不同以馬蘭花爲菊而
馬蘭亦有療疾之功使其名並著可也以旱蓮爲
菊胡不知有害人之毒事見博聞録黜其名可也

觀音菊　天竺花是也此非南天竺或呼爲落帚花亦非也落帚別是一種自
五月開至七月花頭細小其色純紫枝葉如嫩柳
其幹之長與人等或呼爲觀音菊蓋取錢塘有天
竺觀音之義也

繡線菊　厭草花是也花頭碎紫成簇而生心中吐
出素縷如線之大自夏至秋有之俗呼爲厭草花
或云若人帶此花賭博則獲其勝故名之古有厭勝法

列諸譜外之菊一十名愚皆記其所得之自今盡類入卷首之品目

九華菊見靖節先生集此一品今新入越譜　凌風菊黃色見山谷詩

柑子菊黃色見陳後山詞　楊妃裙黃色見徐仲車詩

蠟梅菊見聞人善言菊鄉公暇集　朝天菊見洪氏瓊野録

珠子菊白色見本草註云南京有一種開小花花瓣下如小珠子

丹菊見初學記嵇含菊銘云煌煌丹菊暮秋彌榮

鷺鷥菊士友云嚴州多菊此品嚴州有之花如茸毛純白色中心有一叢簇起如鷺鷥頭

襄陽紅士友云並蒂雙頭亦一種菊也九江彭澤有之

今　榮王府

皇弟大王居邸之側有園曰瓊圃池曰瑶沼皆賜
御書爲扁如園内異菊尤爲不少但未得其名今姑
闕其左當俟他日列之

百菊集譜卷第二終

百菊集譜卷第三

宋　山陰史鑄著

明　新安程榮校

種藝

孫真人種花法（愚今於此只錄種菊一事）　三月穀雨後種

紅葉菊　千葉甘菊　金鈴菊

紫幹菊　千葉白菊　紫菊

掃葉菊　黃簇菊　青心柿菊

五色菊　蓮子菊　大黃金菊

范石湖云吳下老圃伺春苗尺許時掇去其顛數日則岐出兩枝又掇之每掇益岐至秋則一幹所出數百千朵婆娑團欒如車蓋熏籠矣人力勤土又膏沃花亦爲之屢變

沈莊可譜云吳門菊自有七十二種春分前以根中發出苗裔用手逐枝柯擘開每一柯種一株後長及一尺則以一尺高籃蓋覆每月遇九日有出籃外者則去其腦至秋分則不去矣夏間每日清水澆灌過夜去其籃承露至早復蓋不可使乾枯如此之後結蘂則平齊矣

沈譜云予在豫章見菊多有佳者嘗問之園丁則云菊每歲以上巳前後數日分種失時則花少而葉多如不分置他處非惟叢不繁茂往往一根數幹一幹之花各自別樣所以命名不同菊開過以草葽裹之得春氣則其舊年柯葉復青漸長成其樹但次年不着花第二年則接續着花仍不畏霜矣

梅雨時收菊叢邊小株分種俟其茂則摘去心苗欲其成小叢也秋到則不摘（見鎖碎錄後二段同）

黃白二菊各披去一邊皮用麻皮札合其開花則半黃半白

菊花大蘂未開逐蘂以龍眼殼罩之至欲開時隔夜以硫黃水灌之次早去其罩即大開

大笑菊及佛頂菊御愛黃至穀雨時以其枝插於肥地亦能活（愚嘗試之至秋亦着花）

種菊所宜向陽貴在高原其根惡水不宜久雨久雨可於根傍加泥令高以泄水

分種小株宜以糞水酵土而擁之則易盛按劉蒙

亦有栽鉏糞養之說
菊宜種園蔬內肥沃之地如欲其淨則澆壅捨肥糞
而用河渠之泥
種菊之地常要除去蜒蚰則苗葉免害

故事

續齊諧記汝南桓景隨費長房遊學數年長房忽謂之曰九月九日汝家有災厄可速去令家人各作絳囊盛茱萸繫臂登高飲菊花酒禍乃可消景如其言舉家登山夕還見牛羊雞犬皆暴死焉

魏文帝與鍾繇書云歲往月來忽復九月九日九爲陽數而日月並應俗嘉其名以爲宜於長久故以享宴高會是月律中無射言群草庶木無有射地而生於芳菊紛然獨榮（榮一作秀）非夫含乾坤之淳和體芬芳之淑氣孰能如此故屈原悲冉冉之將老思飡秋菊之落英輔體延年莫斯之貴謹奉一束以助彭祖之術

檀道鸞續晉陽秋陶潛九月九日無酒於宅籬畔菊叢中摘花盈把而坐悵望久之見白衣人至乃江州太守王弘送酒即便就酌醉而後歸（昭明太子撰傳作滿手把菊）

唐書李適爲學士凡天子饗會游豫唯宰相及學士得從秋登慈恩浮圖獻菊花酒稱壽

唐韋表微授監察御史裏行不樂曰爵祿譬滋味也人皆欲之吾年五十拭鏡揃白冒游少年間取一班級不見其味也將爲松菊主人不愧陶淵明云

唐韋綬德宗時爲翰林學士以心疾還第九月九日帝作黃菊歌顧左右曰安可不示韋綬即遣使持往綬遽奉和附進

列僊傳文賓取嫗數十年輒棄之後嫗老年九十餘續見賓年更壯拜泣至正月朝會鄉亭西社中賓教令服菊花地膚桑上寄生松子以益氣嫗亦更壯復百餘歲

神僊傳康風子服菊花柏實乃得僊

名山記道士朱孺子吳末入玉笥山服菊草乘雲升天

雜說

禮記月令季秋之月鞠有黄華注記時候也

周禮王后六服中有鞠衣注黄衣也色如鞠塵象桑葉始生禮記季春天子薦鞠衣于先帝注鞠衣黄桑之服陸德明禮記釋文鞠衣居六切如菊華也又去六切如麴塵

爾雅鞠治蘠注今之秋華菊

山海經中山經云岷山之首曰女几之山其草多菊

陸農師埤雅云鞠艸有華至此而窮焉故謂之鞠一曰鞠如聚金鞠而不落故名鞠

本草云菊花一名節華一名日精一名更生一名周盈一名傳延年一名陰成（愚齋云謂採後陰乾取成日合藥故名之）

應劭風俗通曰南陽酈縣有甘谷谷水甘美云其山上大有菊水從山上流下得其滋液谷中有三十餘家不復穿井悉飲此水上壽百二三十中百餘下七八十者歿之本草菊花輕身益氣故也司空王暢太尉劉寬太尉袁隗爲南陽太守聞有此事令酈縣月送水二十斛用之飲食諸公多患風眩皆得愈

抱朴子僊藥篇云南陽酈縣山中有甘谷水谷水所以甘者谷上左右皆生甘菊菊花墮其中歷世彌久故水味爲變其臨此谷居民皆不穿井悉食甘谷水食者無不老壽高者百四五十歲下者不失八九十無夭年人得此菊力也

荆州記酈縣菊水太尉胡廣久患風羸弱汲此水後疾遂瘳年近百歲非唯天壽亦菊延之此菊甘美廣後收菊播之京師處處傳植

東漢胡廣傳注引盛弘之荆州記曰菊水出穰縣芳

菊被涯水極甘香谷中皆飲此水上壽百二十如七八十者猶以爲夭太尉胡廣所患風疾休沐南歸恒飲此水後疾遂瘳年八十二薨（愚齋云按九域志鄧州南陽郡有穰縣不該酈縣按廣韻酈縣在南陽）

西京雜記戚夫人侍兒賈佩蘭説在宫内時九月九日佩茱萸食蓬餌飲菊花酒令人長壽菊花舒時并採莖葉雜黍米釀之密封置室中至來年九月九日始熟就飲焉

竇樍記云宣帝異國貢紫菊一莖蔓延數畝味甘食

者至死不饑渴
風土記曰精治蘠皆菊之花莖別名也生依水邊其
花煌煌霜降之節唯此草盛茂九月律中無射俗
尚九日而用候時之草也
僊書茱萸爲辟邪翁菊花爲延壽客故假此二物以
消陽九之厄爾
唐馮贄雲僊散錄引蠻甌志云白樂天方入關劉禹
錫正病酒禹錫乃餽菊苗虀蘆菔鮓換取樂天六
班茶二囊以醒酒

牧豎閑談云蜀人多種菊以苗可入菜花可入藥園
圃悉植之郊野人多採野菊供藥肆頗有大誤真
菊延齡野菊瀉人
孟元老東京夢華錄重九都下賞菊菊有數種有黃
白色蘂若蓮房曰萬鈴菊粉紅色曰桃紅菊白而
檀心曰木香菊黃色而圓曰金鈴菊純白而大曰
喜容菊無處無之酒家皆以菊花縛成洞戸
陳欽甫提要錄東坡云嶺南氣候不常菊花開時即
重陽凉天佳月即中秋不須以日月爲斷也十月

初吉菊始開乃與客作重九因次韻淵明九月九
日詩云今日我重九誰謂秋冬交黃花與我期草
中實後凋香餘白露乾色映青松高苕溪漁隱曰
江浙間每歲重陽往往菊亦未開不獨嶺南爲然
蓋菊性耿介須待草木黃落方於霜中獨秀
東坡仇池筆記云菊黃中之色香味和正花葉根實
皆長生藥也北方隨秋早晚大略至菊有黃花乃
開嶺南冬至乃盛地暖百卉造作（造一作迭）無時而菊
獨後開考其理菊性介烈不與百卉並盛衰須霜

降乃發嶺南常以冬至微霜也僊姿高潔如此宜
其通僊靈也
東坡記菊帖云嶺南地暖而菊獨後開考其理菊性
介烈須霜降乃發而嶺海常以冬至微霜故也吾
以十一月望與客泛菊作重九書此爲記
東坡贈朱遜之詩序云元祐六年九月與朱遜之會
議于潁或言洛人善接花歲出新枝而菊品尤多
遜之曰菊當以黃爲正餘可鄙也
沈譜云如周濂溪則以菊爲花之隱逸者稱之

沈譜云舊日東平府有溪堂爲郡人游賞之地溪流石崖間至秋州人泛舟溪中採石崖之菊以飲每歲必得一二種新異之花

九域志鄧州南陽郡土貢白菊三十斤

本草圖經有衞州菊花鄧州菊花

越州圖經菊山在蕭山縣西三里山多甘菊

吳致堯九疑考古云舂陵舊無菊自元次山始植沈譜云次山作菊圃記云在藥品是爲良藥爲蔬菜是佳蔬也

洪景盧夷堅辛志成都府學有神曰菊花僊相傳爲漢宮女諸生求名者往祈影響神必明告愚齋云漢宮女謂在漢宮飲菊花酒者　或云成都府漢文翁石室壁間畫一婦人手持菊花前對一猴號菊花娘子大比之歲士人多乞夢頗有靈異

王龜齡云鄂渚少黃花有白菊

釋典云枸蘇摩華其華白色大小如錢似此白菊也

按諸字書菊之字有五其體雖異而用則同蘜見說文𥷠見爾雅亦見說文鞠見禮二菊見篇韻　今人多從簡用之

愚齋云諸菊得名或以色或以香或以形狀其義非一皆明而可知惟九華一古名初莫知其義今按晉宋以前淵明而上漢有九華殿魏有九華臺二者於菊皆不聞有事迹相關惟眞誥載吳有趙廣信至魏末賣藥鍊九華丹丹成遂乘雲駕龍登天又漢天師家傳云眞人入鹿堂山煉九鼎神丹遷平蓋山煉九華大藥注曰服此成僊愚意其菊之爲名必比擬於此何則蓋白菊久服則輕身延壽亦至成僊故也士友云恐此菊出於九華山故有是名愚竊謂不然且池州九華之名始於李白於晉時絕無干涉

方術

神農本草云菊花味苦主頭風頭眩目淚出惡風濕痺久服利血氣輕身延年

名醫別錄云菊花味甘無毒療腰痛去來除胷中煩熱

陶隱居云菊有兩種一種莖紫氣香而味甘葉可作羹食者爲眞一種青莖而大作蒿艾氣味苦不堪食者名苦薏其花相似唯以甘苦別之爾又有白菊亦主風眩能令頭不白僊經以爲妙用

陳藏器云白菊味苦主風眩變白不老益顏色楊損之云甘者入藥苦者不任

日華子云菊花治四肢遊風利血脉并頭痛作枕明目葉亦明目生熟並可食菊有兩種花大氣香者爲甘菊花小氣烈者名野菊然雖如此園蔬內種肥沃後同一體

本草圖經曰菊花生雍州川澤及田野今處處有之以南陽菊潭者爲佳初春布地生細苗夏茂秋花冬實正月採根三月採葉五月採莖九月採花十

一月採實皆陰乾用南陽菊亦有黄白二種今服餌家多用白者

白菊酒法春末夏初收軟苗陰乾擣末空腹取一方寸匕和無灰酒服之若不飲酒者但和羮粥汁服之亦得秋八月合花收暴乾切取三大斤以生絹囊盛貯浸三大㪷酒中經七日服之今諸州亦有作菊花酒者其法得於此

玉函方云王子喬變白增年方甘菊三月上寅日採名曰玉英六月上寅日採名曰容成九月上寅日採名曰金精十二月上寅日採名曰長生長生者根莖是也四味並陰乾百日取等分以成日合擣千杵爲末酒調下一錢匕以蜜丸如桐子大酒服七丸一日三服百日身輕潤澤服之一年髮白變黑服之二年齒落再生服之三年八十歲老人變爲童兒神效　以上並見大觀本草

抱朴子劉生丹法用白菊汁蓮花汁和丹蒸之服一年壽五百歲

千金方常以九月九日取菊花作枕袋枕頭大能去

頭風明眼目　附陳欽甫九日詩云菊枕堪明眼茱囊可辟邪

千金方九月九日菊花末臨飲服方寸匕主飲酒令人不醉

聖惠方云治頭風用九月九日菊花暴乾取家糯米一斗蒸熟用五兩菊花末如常醖法多用細麺麴酒熟即壓之去滓每煖一小盞服之　附郭元振秋歌云辟惡茱萸囊延年菊花酒與子結綢繆丹心此何有

味子菴蕳子地膚子烏麻子牡荆子是也愚因此二說徧問園翁與夫士友皆言菊無結實者愚又遵承前賢之說於十一月直至月盡親採肥壤所植之菊擾其花心以驗其實之有無亦無所見但恐遐方異域或有之也當俟博物决其疑焉

甘菊野菊二說愚采取本草諸書已該於越譜中其說雖較然可見然世俗或採城墻郊野所產之菊以爲宜入藥有貨於藥肆而用者又據司馬温公甘菊詩云野菊細瑣物離間私自全徒因氣味殊

不爲庖人捐釆升白玉堂薦以黄金盤以此詩觀之乃知甘菊或有出於野者亦可用也牧豎閑談云郊野人多採野菊供藥肆大誤真菊延齡野菊瀉人愚今以古今之人去取不同故併列之用之者不可不審

越俗言夏菊初生（謂苗之時）例自陳根而出至秋遍地沿多者由花梢頭露滴入土却生新根而出故名滴滴金愚初未之信遂與好事者斸地驗其根果無聯屬乃見俗傳不妄也

本草載神農以菊味爲苦名醫以味爲甘二說不同例皆療病愚意其神農取白菊言之名醫取黄菊言之

愚按陶隱居與陳藏器皆言白菊療疾有功本草圖經言今服餌家多用白者又有白菊酒法抱朴子有言丹法用白菊汁九域志言鄧州以白菊入貢是皆以白菊爲用也惟沈存中忘懷録有種甘菊法今所謂茶菊即甘菊也然甘菊作飲食與入藥多是黄色不曾見白者可食豈予未之見耶愚以古今去取不同故併列之

古今詩話

晉羅含字君章耒陽人致仕還家階庭忽蘭菊叢生以爲德行之感唐李義山菊詩陶令籬邊色羅含宅裏香又云羅含黄菊宅柳惲白蘋門

唐輦下歲時記九日宫掖間爭插菊花民俗尤甚杜牧詩云塵世難逢開口笑菊花須插滿頭歸又云九日黄花插滿頭○司馬文正公九日贈梅聖俞琴姬歌云不肯那錢買珠翠任教堆插堦前菊

西清詩話嘉祐中歐陽公見王荆公詩黄昏風雨暝
園林殘菊飄零滿地金笑曰百花盡落獨菊枝上
枯耳因戲曰秋英不比春花落爲報詩人子細看
後人以韻協之改看作吟荆公聞之怒曰是定不知楚詞夕餐
秋菊之落英歐陽九不學之過也
樂菴先生李侍御名衡語録云韓魏公嘗言保初節易保
晚節難在北門九日燕諸漕有詩莫羞老圃秋容
淡魏公言行録作不羞要看閑花晚節香言行録作且看寒花先生深
敬此語嘗大書于壁以爲晚節之規

沈譜云徐仲車最好菊即西籬下多種之花至冬月
猶有存者名曰晚菊公常自比陶淵明種菊之所
雖東西相反論其所以樂則無以異也有菊詩云
楊妃只有黄裙在且問風霜留得無所謂楊妃裙
者蓋菊名也
漁隱胡仔曰余嘗因庭下黄白菊相間開遂效蘇黄
格作詩詠之曰何處金錢與玉錢化爲蝴蝶夜翩
翩青絲網住芳叢上開作秋花取意妍杜陽雜編
唐穆宗時禁中花開夜有蛺蝶數萬飛集花間宫

人以羅巾撲之無有獲者上令張網空中得數百
遲明視之皆庫中金玉錢也
陸放翁因山園草間菊數枝開席地獨酌有詩云屋
東菊畦蔓草荒瘦枝出草三尺長碎金狼籍不堪
摘掃地爲渠持一觴日斜大醉叫堕幘野花村酒
何曾擇君不見詩人跌宕例如此蒼耳林中留太
白於此可見放翁愛菊之意
愚齋云陶淵明和郭主簿詩芳菊開林耀青松冠巖
列懷此貞秀姿卓爲霜下傑愚愛霜下傑三字最佳東坡和

子由所居詩粲粲秋菊花卓爲霜中英今觀百注
坡詩中闕而不注何諸公不省淵明詩邪苕溪漁
隱曰先君題泗上秋香亭詩騷人足奇思香草比
君子況此霜下傑清芬絶蘭茝自淵明妙語一出
世皆師承用之可謂殘膏賸馥沾丐後人多矣
愚齋云崇觀間陳子高名克有詩名集中有五月菊云
黄菊有本性霜餘見幽茂名緇喻般若太史謹占
候云云僧雪菴詩蒲徑露漙黄般若長簷風裊翠
真如按六祖金剛經解何名般若是梵語唐言智

慧也傳燈錄云僧問忠國師古德云青青翠竹盡
是法身鬱鬱黄花無非般若不知若爲國師曰華
嚴經云佛身充滿於法界普現一切群生前隨緣
赴感靡不周而常處此菩提座翠竹既不出於法
界豈非法身乎般若經云色無邊故般若亦無邊
黄花既不越於色豈非般若乎傳燈又云趙州或謂
青翠竹盡是真如鬱鬱黄花無非般若
愚齋云菊苗不惟可爲藥亦可以代茶本朝孫志舉
勵有訪王主簿同泛菊茶詩云妍暖春風蕩物華

初回午夢頗思茶難尋北苑浮香雪且就東籬擷
嫩芽云云見鄭景龍續宋百家詩選洪景嚴遵和弟景盧邁月臺
詩築臺結閣兩爭華便覺流涎過麴車户小難禁
竹葉酒睡多須藉菊苗茶云云見瓊野錄
愚齋云菊花古人惟以泛酒後世又以入茶其事皆
得於名公之詩唐釋皎然有九日與陸處士羽飲
茶詩云九日山僧院東籬菊也黄俗人多泛酒誰
解助茶香陸放翁冬夜與溥菴主説川食詩何時
一飽與子同更煎土茗浮甘菊愚又嘗見人或以

菊花磨細入於茶中啜之者
文保雍菊譜中有小甘菊詩莖細花黄葉又纖清香
濃烈味還甘祛風偏重山泉漬自古南陽有菊潭
·愚齋云此詩得於陳元靚歲時廣記今類于此所
謂保雍之譜恨未之識也
愚齋云唐宋詩人詠菊罕有以女色爲比其理當然
或有以爲比者惟韓偓歎白菊云正憐香雪披千
片忽訝殘霞覆一叢還似妖姬長年後酒酣雙臉
却微紅此唐人詩也又魏野有菊一絶云正當搖

落獨芳妍向曉吟看露泫然還似六宮人競怨幾
多珠淚濕金鈿此　本朝人詩也愚竊謂菊之爲
卉貞秀異常獨能悦茂於風霜搖落之時人皆愛
之當以賢人君子爲比可也若輒比爲女色豈不
汚菊之清致哉故二詩愚不敢采取以入此詩選
且范文正公賦云黄中通理得君子之道魏野又
有詩云易把方先哲王龜齡詩云端似高人事幽
獨陸務觀詩云菊花如端人獨立凌冰霜凡此等
語比類無不得其宜故諸篇今預於選中

芸齋云荆公因有殘菊飄零滿地金之句歐公輒戲而非之乃有秋英不比春花落之語從而後人泥於此言竟以爲不落愚竊以爲未然故辨落與不落之理各有其説入於辨疑門内又取唐宋數家詩句凡言其落者併列之○唐太宗殘菊詩細葉彫輕翠圓花飛碎黄又秋日詩菊散金風起趙嘏詩節過重陽菊委塵崔灝晩菊詩曉來風色清寒甚滿地繁霜更雨聲去金○梅聖俞殘菊詩零落黄金蘂雖枯不改香蘇子由戲題菊詩更擬食根花

落後一依本草夭傷渠彭汝礪詩重陽黄菊花零落殆無有陸務觀菊詩碎金狼藉不堪摘又云紛紛零落中見此數枝黄又唐薛瑩十日菊詩今朝籬下見滿地委殘黄

愚齋云紫菊之名見於孫眞人種花法又見於諸譜中此品傳植既久故唐宋詩人稱述亦多蕭頴士菊榮篇紫英黄萼照耀丹墀杜荀鶴詩雨勻紫菊叢叢色趙嘏詩紫艶半開籬菊静夏英公詩落盡西風紫菊花韓忠獻公詩紫菊披香碎曉霞此既出於名公稱述必是佳品也

愚齋云菊之開也四季泛而有之開於三月者曰春菊前賢有詩聯云不許秋風常管束競隨春卉鬬芳菲又云似嫌九月清霜重亦對三春麗日開沈譜云春菊花小而微紅者有開於四月者張孝祥嘗有詩見詩選門開於五月者陳子高嘗有詩開於六月者符離王常嘗有詞見芳非集惟開於秋季者其品至多開於十月者歐陽公及王龜齡皆有詩朱希眞又有詞以諸公詩詞觀之果見其所謂春菊夏菊秋菊寒菊者也雖然此當以開於秋冬者爲貴開於夏者爲

次開於春者未必是眞菊也若論其色亦有差等菊當以黄爲尊以白爲正以紅紫爲卑楊繪詩爛紫妖紅色盡卑漁隱亦云菊春夏開者終非其時有異色者亦非其正

百菊集譜卷第三終

餘姚宋禮寫

百菊集譜卷第四

宋　山陰史鑄著
明　新安程榮校

歷代文章 多非全文

屈原離騷經朝飲木蘭之墜露兮夕餐秋菊之落英王逸注云言旦飲香木之墜露吸正陽之津液暮食芳菊之落華吞正陰之精蘂洪興祖補注曰秋花無自落者當讀如我落其實而取其華之落又據一說云詩之訪落以落訓始也意落英之落蓋

謂始開之花芳馨可愛若至於衰謝豈復有可餐之味

魏鍾會菊花賦何秋菊之奇兮獨華茂乎凝霜挺葳蕤於蒼春兮表壯觀乎金商纖榦綠葉青柯紅芒 又見史譜序引

晉潘尼秋菊賦垂采煒於芙蓉流芳越乎蘭林又曰既延期以永壽又蠲疾而弭痾

晉盧湛菊花賦浸三泉而結根晞九陽而擢莖若乃翠葉雲布黃蕊星羅

晉傅玄菊賦布護河洛縱橫齊秦掇以纖手承以輕巾服之者長壽食之者通神

晉嵇含菊花銘煌煌丹菊翠蓋紫莖

晉成公綏菊花銘數在二九時惟斯生又有菊頌曰先民有作詠茲秋菊綠葉黃花菲菲或或芳踰蘭蕙茂過松竹其莖可玩其葩可服

晉傅統妻菊花頌英英麗草禀氣靈和春茂翠葉秋曜金華布濩高原蔓衍陵阿揚芳吐馥載芬載葩爰拾爰採投之醇酒御于王公以介眉壽

晉袁崧菊詩靈菊植幽崖擢穎凌寒飈春露不染色秋霜不改條 按晉書或作袁山松

附　陶淵明九日閑居詩 并序

余閑居愛重九之名秋菊盈園而持醪靡由空服九華寄懷於言 愚齋云近年蔡夢弼有注和陶詩其中不注九華爲菊名惜其有闕

世短意恒多斯人樂久生日月依辰至舉俗愛其名露凄暄風息氣澈天象明往燕無遺影來鴈有餘聲酒能祛百慮菊爲制頹齡如何蓬廬士空視時運傾塵爵恥虛罍寒華徒自榮斂襟獨閑謠緬焉起深情

棲遲固多娱淹留豈無成
飲酒詩秋菊有佳色裛露掇其英汎此忘憂物遠我
遺世情又云採菊東籬下悠然見南山（此皆陶詩中句）

唐宋詩賦（選　并詞）

此詩不惟選取精妙者或有菊名見諸文集此特
取之以廣識其名或出名公所作雖曰未工此亦
取之以見前賢賦詠之大畧覽者當知之

文言　陸宣公

文言曰菊稟陰陽之和氣受天地之淳精又曰不失

其時比君子之守節無競於物同志人之不爭又曰
行道者衆之足以建德立身者取之足以作程又曰
春之交夏之候靡木不榮無草不茂我亦抽英而擢
秀商之氣冬之時無木不落無草不萎我亦發花而
呈姿又曰淳和自守芳潔自持

秋香亭賦（爲鄭屯田作）　范文正公

鄭公之後兮宜其百祿使于南國兮鏗金粹玉倚大
旆於江干揭高亭於山麓江無煙而練迴山有嵐而
屏矗一朝賞心千里在目時也秋風起兮寥寥寒林
脫兮蕭蕭有翠皆歇無紅可凋獨有佳菊弗含弗夭
采采亭際可以卒歲玄黄金行之勁性賦土爰之甘味
氣驕松筠香滅蘭蕙露溥溥以見滋霜肅肅而敢避
其芳其好胡然不早歲寒後知殊小人之草黄中通
理得君子之道飲者忘醉而餌者忘老云云

菊老　元微之

秋叢遶舍似陶家遍遶籬邊日漸斜不是花中偏愛
菊此花開盡更無花

重陽席上賦白菊　白樂天

滿園佳菊鬱金黄中有孤叢色借霜還似今朝歌酒
席白頭翁入少年場

歎庭前甘菊花　杜甫

簷前甘菊移時晚青蘂重陽不堪摘明日蕭條盡醉
醒殘花爛熳開何益籬邊野外多衆芳采擷細瑣升
中堂念茲空長大枝葉結根失所纏風霜

晚菊　韓愈

少年飲酒時踴躍見菊花今來不復飲每見恒咨嗟
佇立摘滿手行行把歸家此時無與語棄置奈悲何

九月十日菊　鄭谷

節去蜂愁蝶不知曉庭還遶折殘枝自緣今日人心別未必秋香一夜衰

白菊　皮日休

已過重陽半月天琅華千點照寒烟蘂香亦似浮金靨花樣還如鏤玉錢

憶白菊　陸龜蒙

稚子書傳白菊開西城相滯未容迴月明堦下窻紗薄多少清香透入來

和令狐相公玩白菊　劉禹錫

家家菊盡黄梁國獨如霜瑩淨真琪樹分明對玉堂僊人披雪氅素女不紅妝粉蝶來難見麻衣拂更香向風摇羽扇含露滴瓊漿高豔遮銀井繁枝覆象床桂叢慙並發梅蕊妒先芳一入瑶華詠從茲播樂章

菊　李山甫

籬下霜前偶得存若教遅晚避蘭蓀能消造化幾多力不受陽和一點恩生處豈容依玉砌要時還許上金罇陶公没後無知己露濕幽藂見淚痕

菊　羅隱

籬落歲云暮數枝聊自芳雪裁纖蘂密金拆小苞香千載白衣酒一生青女霜春叢莫輕薄彼此有行藏

華下對菊　司空圖

清香裛露對高齋泛酒偏能浣旅懷不似春風逞紅艷鏡前空墜玉人釵

對菊　齊己

無艷無妖別有香栽多不爲一作只爲待重陽莫嫌醒眼相看過却是真心愛澹黄醒眼一作醉眼

商州九月十八日大雪雪後見菊　王禹偁

狼藉金錢撒野塘幾叢無力臥斜陽争偷暖律輸桃李獨亞寒枝負雪霜誰惜晚芳同我折自憐孤艷襲人香幽懷遠慕陶彭澤且擷殘英泛一觴

和張少卿白菊吟　邵堯夫

清淡曉凝霜宜乎殿顥商自知能潔白誰念獨芬芳豈爲瓊無艷還驚雪有香素英浮玉液一色混瑶觴

詠菊　魏野　二首

崇雖同雨露，晩不怨乾坤。五色中偏貴，千花後獨尊。
馨非暫黍稷，採合勝蘋蘩。蛺蝶寒猶至，鵁鶄靜亦蹲。
味堪滋玉鉉，光欲奪金罇。帶露裁尤密，經霜艷更繁。
砌蛩親有路，梁鷰識無門。薜荔宜求友，茱萸好結婚。
栽培勞婢僕，服食教兒孫。易把方先哲，難爲繼後昆。
敗莎承亞朶，落葉擁纖根。雖異皇家瑞，寧辜白帝恩。
延齡仙訣著，應候禮經言。不與郡芳競，還如我避喧。

白菊

濃露繁霜着似無，幾多光采照庭除。何須更待螢兼

雪，便好蘂邊夜讀書。

詠菊　王荊公四首

補落迦山傳得種，閻浮檀水染成花。光明一室真金色，復似毗耶長者家。

城東寺菊

黃花漠漠弄秋暉，無數蜜蜂花上飛。不忍獨醒辜爾去，慇懃爲折一枝歸。

和晩菊

不得黃花九日吹，空看野蘂翠葳蕤。淵明酩酊知何

處，子美蕭條向此時。委翳似甘終草莽，栽培空欲傍藩籬。可憐蜂蝶飄零後，始有閑人把一枝。

殘菊

黃昏風雨打園林，殘菊飄零滿地金。折得一枝還好在，可憐公子惜花心。

甘菊　司馬溫公

野菊細瑣物，離間私自全。徒因氣味殊，不爲庖人捐。釆升白玉堂，薦以黃金盤。願若南陽守，永扶君子年。

重九席上觀金鈴菊　韓忠獻公二首

黃金綴菊鈴，菟地獨馳名（金鈴菊兗州種）。細蘂浮杯雅，香筩貯露清。風休沉夜警，雨碎入寒聲。自此傳仙種，秋芳冠玉京。

和崔象之紫菊

紫菊披香碎曉霞，年年霜晩賞奇葩。嘉名自合開仙府，麗色何妨奪錦砂。雨徑蕭疎凌蘚暈，露叢芬馥敵蘭芽。孤標只取當筵重，不似尋常泛酒花。

次韻南陽錢紫微盆中移白菊　劉忠肅公摯

風露下星榆玉刻圓錢散曉株人住水涯多白

髮地應花谷近清都桜香漬酒登新譜益氣輕身載

舊圖移取黄堂朝夕見北洲亭遠故臺蕪郡中舊有白菊臺

希真堂東手植菊花十月始開　歐陽脩

當春種花唯恐遲我獨種菊君勿誚春枝滿園爛張

錦風雨須臾落顛倒看多易厭情不專鬬紫誇紅隨

俗好豁然高秋天地肅百物衰陵誰暇弔君看金蘂

正芬敷曉日浮霜相照耀煌煌正色秀可餐藹藹清

香寒愈峭高人避喧守幽獨淑女静容羞窈窕方當

揺落看轉佳慰我寂寥何以報時携一樽相就飲如

得貧交論久要我從多難壯心衰迹與世人殊静躁

種花不種兒女花老大安能逐年少

甘菊　蘇東坡

越山春始寒霜菊晚愈好朝來出細蘂稍覺芳歲老

孤根蔭長松獨秀無衆草晨光雖照耀秋雨半摧倒

先生卧不出黄葉紛可掃無人送酒壺空腸嚼珠寶

香風入牙頰楚些發天藻新荑蔚已滿宿根寒不槁

揚揚弄芳蝶生死何足道頗訝昌黎公恨爾生不早

退之秋懷詩鮮鮮霜中菊既晚何用好揚揚弄芬蝶爾生還不早

五月園夫獻紅菊　蘇穎濵三首

黄花九月傲清霜百草誰園無比香紅紫無端盜名

字試尋本草細思量

南陽白菊有奇功潭上居人多老翁葉似皤蒿莖似

棘未宜放入酒盃中

戲題菊花

春初種菊助盤蔬秋晚開花插酒壺微物不多分地

力終年乃爾任人須天隨七筯幾時輟彭澤罇罍未

遽無更擬食根花落後一依本草太傷渠

戲答王觀復酴醾菊　黄山谷二首

誰將陶令黄金菊幻作酴醾白玉花小草真成有風

味東園添我老生涯

戲答王子予送凌風菊

病來孤負鸕鷀杓禪板蒲團入眼中浪説閑居愛重

九黄花應笑白頭翁

九月十日菊花爛開　張文潜

蕭條秋圃風飛葉却有黄花照眼明已過重陽嬌采
獨自嫌亦作世人情

次韻桃花菊　宋行中 名服紹聖初人

籬邊不語自成蹊紅入秋叢見亦稀亂插烏巾酬老
健輕浮白酒惜春歸劉郎一去花何晚陶令重來色
已非蝶散蜂藏無足恠冷香寒艷不堪依

次韻時從事桃花菊　侯季長 名延慶政和中人

霜郊百草半青黄寒菊偷春作艷粧灼灼似誇籬下
客夭夭欲伴禁中郎 退之百葉桃花云故伴仙郎宿禁中 元都道士聞

須種彭澤先生見定狂莫信化工欺世俗且將一笑
薦彤觴

菊　錢昭度

曾見春花落萬紅不然隨雨即隨風如何得到重陽
日浮在陶家酒盞中

次韻十五日菊　丁寶臣 二首

秋香多日閟英華霜脫離離抱砌斜趣節不隨時俗
眼近冬真是歲寒花摘辭舊入騷人筆載酒誰尋醉
令家曾讀南華齊物論均無遲速可驚嗟

寒芳開曉獨堪嘉開日仍逢小雨斜秋盡亭臺凋木
葉月圓時節伴萸花幽香不入登高會清賞終存好
事家黄紫緑莖如舊歲人心徒有後時嗟

五色菊 愚齋云孫真人種花法與洛陽花木記皆有此菊名　劉原父 二首

屢聞白雪題詩句飽見黄花泛酒盃豈似一枝能五
色相隨次第雪中開

庭前菊花

翠葉今華刮眼明薄霜濃露倍多情誰人正若山中

醉借與繁香破宿醒

都勝菊　江衮 三首

似嫌春色愛秋光格外風流晚獨芳淡佇精神無俗
艷豐醲肌骨有天香玉攢碎葉塵難染金蹙深心蝶
謾狂曉帶露華初祈贈瑤臺欲識斬新粧

御愛菊

黄花開盡白花開移自新羅小小栽雅質似嫌施粉
黛玉肌端是屑瓊瑰曾叅御側龍顔愛尚帶天邊月
色來輕着曉霜添嫵媚看匀紅淺上香腮

五色菊

孤根分斷便成叢色弄輕黃轉紫紅愁似歛容羞白日淡如無語怨西風自緣取賞人心別不許陪觀衆志同亂插東籬休借問多情誰是主人翁

亞叟惠龍腦菊　許景衡

正色最宜霜後見清香自是藥中珍明年把酒東籬下采采何如舊主人

梅開踰月而黃菊方爛然　鄭剛中

江梅久矣報塗粉籬菊傲然方鑄金嶺外四時惟一

氣難分冬霧與秋陰

詠菊　汪彥章

依倚西風不自持歲寒羽葆雜金規繁開不負朝陽色獨步非關昊帝私把酒可能追靖節掇苗終欲慕天隨春紅過盡聊經眼賴有分芳慰所思

十日買黃菊二株　王十朋 三首

十月更十日黃華開滿枝鮮鮮如可餐采采還自疑重陽不堪摘況後一月期既晚何用好茲言聞退之天然傲霜性寧問早與遲不以日月斷深杯爲花持

十月望日買菊一株頗佳

秋去菊方好天寒花自香深懷傲霜意那肯媚重陽

十月二十日買菊一株置于郡齋松竹之間目爲歲寒三友

三百青錢一株菊移置牕前伴松竹鮮鮮正色傲霜性不逐重陽上醽醁誰云既晚何用好端似高人事幽獨南來何以慰淒涼有此歲寒三友足

分送四月菊與提刑都運二丈　張孝祥 二首

午陰籬落小徘徊底許清香鼻觀來定自霜臺風力峻故教霜菊暑中開

金縷裁衣玉綴裳掃除瘴暑作秋香一盃擬做重陽賞更惜西風一夜涼

贈菊　陸務觀 游 二首

花裏風神菊擅名品流不減晉諸卿梅應相與有瓜葛蘭復何憂無弟兄移後併逢三日雨開時恰值十分晴傍籬小摘供囊枕留得殘香夢亦清

陶淵明云三徑就荒松菊猶存蓋以菊配松也

予讀而感之因賦此詩

菊花如端人獨立凌冰霜名紀先秦書功標列僊方紛紛零落中見此數枝黃高情守幽貞大節稟介剛乃知淵明意不爲泛酒觴折嗅三歎息歲晚彌芬芳

朝天菊 得於婺源○悬齋云此品想藤菊之類 洪景盧 邁

但見荼蘼能上架那知甘菊解朝天亭亭秀出風煙上冷落東籬却可憐

末利菊 洪景伯 适

化工將末利改作壽潭花零露團佳色鵝黃自一家

叢菊 石延年

風勁香逾遠霜寒色更鮮秋天一作光買不斷無意學金錢

菊 陶弼

九月嚴霜殺草根獨開黃菊伴金罇東籬故事何重疊醉倒花前是遠孫

山行見菊 李齊

野色芬敷洗露香籬邊不減御衣黃繁英自剪無人插應笑陶潛兩鬢霜

夭桃途次見菊 文與可

英英寒菊犯清霜來伴山中草木黃不趁盛時隨衆卉自甘深處作孤芳其他爛熳非真色惟此氤氳是正香却念白衣誰送酒滿籬高興憶吾鄉

大笑菊 姜特立 二首

玉瓣金心磊落花天姿高灑出常葩標名大笑緣何事開口相逢有幾家

霜後菊

嫩黃釅白媚秋暉正坐清霜一夜飛似怯曉來天氣冷一時都換紫羅衣

菊苗 彭汝礪 狀元

重陽黃菊花零落殆無有微陽動淵泉嫩葉出枯朽青青好顏色寂寞霜雪後物理如轉環開花豈其久

種菊 高文虎

菊載神農經不見詩三百周官叙鞠衣一言僅可摘黃華紀呂令落英餐楚客伯始飲得壽桐君書採擷移根候萌動需時當甲拆我羨柴桑里敢希履道宅不種兒女花朱朱與白白閱譜品雖多求栽地恐窄

揠苗助其長抱甕滋以澤朗詠黃爲正流播風騷格寒香紫茁蘭晩節桐柯柏相繼早梅芳一笑巡簷索

愚齋按後漢胡廣字伯始○按本草桐君有採藥錄註其花葉形色○柴桑乃陶淵明所居之里在九江潯陽縣○履道坊乃白樂天退老之地在洛陽按履道新居詩籬菊黃金合窻筠綠玉稠

蠟梅菊次韻周仙尉　聞人善言

臘前曾弄色秋晩更包黃昔認蜂攢蜜今看蝶戀香華流雖易處名氏却同鄉會見成功女還思九日觴

金錢菊　楊巽齋

淸曉幽叢露作團籬邊積疊喜人看落英欲買眞無價唯許騷人壓一餐

閏月見九華菊　翁龜翁 逢龍

衆草已枯霜墻陰獨自芳旋開三四蘂知爲兩重陽酒恰今朝熟花多一月香又經風雨後得爾慰凄涼

甘菊冷淘　王禹偁

經年厭粱肉頗覺道氣渾孟春奉齋戒敕廚唯素飧淮南地甚暖甘菊生籬根長芽觸土膏小葉弄晴暾采采忽盈把洗去朝露痕俸麪新且細溲攝如玉墩隨刀落銀縷煮投寒泉盆雜此青青色芳香敵蘭蓀

一舉無孑遺空婉越盌存解衣露其腹稚子爲我捫飽慙廣文鄭饑謝魯山元廣文先生飯不足 元魯山餓而死況吾草澤士藜藿供朝昏誇因事筆硯名通金馬門官供政事食久直紫微垣誰言謫滁上吾民飽且温既無甘旨慶焉用品味繁子美重槐葉直欲獻至尊起予有遺韻甫也可與言

晩食菊羹　司馬温公

朝來趨府庭飲啄厭腥羶況臨敲扑喧憒憒成中煩歸來褫冠帶杖屨行東園菊畦新雨霽綠秀何其繁

平時苦目病茲味性所便采擷授廚人烹瀹調甘酸毋令薑桂多失彼眞味完貯之鄱陽甌薦以白玉盤餔啜有餘味芬馥逾秋蘭神明頓颯爽毛髮皆蕭然廼知愜口腹不必矜肥鮮嘗聞南山陽有菊環淸泉居人飲其流孫息皆華顚嗟予素荒浪强爲簪纓牽何當葺弊廬脫略區中緣南陽丐嘉種蒔彼數畝田抱甕新灌溉爛熳供晨餐浩然養恬漠庶足延頹年

采菊圖　王十朋 二首

淵明恥折腰慨然詠式微閑居愛重九采菊來白衣

南山忽在眼倦鳥亦知歸至今東籬花清如首陽薇

題徐致政菊坡圖 名壽仁

南方有高士仁義偃王裔家山闢幽坡手取香莖蕤
秋至有黃華采采滿衣袂客來酒盈尊詩出語驚世
無心學淵明偶與淵明契靜者年自長頹齡不須制
高懷恥獨樂地遠人罕詣丹清爲佳境有目皆可睨
吾家鮮鮮徑荒蕪要經歲儒冠誤此身掛之公得計

桃花菊詞 鷓鴣天 張孝祥 或云康伯可作

一種穠華別樣粧留連春色到秋光解將天上千年

艷翻作人間九日黃 凝曉露傲清霜東籬恰似武
陵鄉有時醉眼偷相顧錯認陶潛作阮郎

曾端伯 慥 取友於十花以菊爲佳友

調笑令并口號

五柳門前三徑斜東籬九日富黃花豈惟此菊有佳
色上有南山日夕佳

佳友金英輳陶令籬邊常宿留秋風一槩摧枯朽獨
艷重陽時候攢收芳蘂浮卮酒薦得先生眉壽

愚齋云宿留字兩見趙岐注孟子孫奭音義上音秀下音霤按廣韻宿留停待也

王龜齡 十朋 取莊園花卉目爲十八香以菊爲

冷香 有詩詞

佳節逢吹帽黃金蘂菊叢淵明何處飲三徑冷香中

點絳唇

霜蘂鮮鮮野人開徑親栽植冷香佳色趣得重陽摘
預約比鄰有酒須相覓東籬側爲花辭職古有陶
彭澤

毗陵張敏叔繪十花爲一圖目曰十客圖其間
菊花曰壽客錢塘關士容因賦詩 詩云莫惜朝衣換酒錢淵

明邂逅此花仙重陽滿滿杯中泛一縷黃金是一年此詩愚得於士友殊恨其不工今作一絕以易之云

東籬寂寞舊家鄉頭白天生鬢又黃 按本草白菊仙經以爲妙用服餌多用之 歲歲相陪重九宴主人傳得引年方

百菊集譜卷第四 終

百菊集譜卷第五

宋　山陰史鑄著

明　新安程榮校

淳祐丙午中夏愚始命工爲此鋟梓越旬餘又得同志　陸景昭特携赤城胡融嘗於紹熙辛亥歲撰圖形菊譜二卷以示所恨得見之晚不及寘于其前今姑摭其要并序續爲第五卷云

萬物以節操爲高與春俱華與秋偕瘁者盈山滿谷騷人墨客歌詠乎古今務以句語文辭相誇尚是何

足以逸吾之筆端乎哉吾之所愛者獨菊爾時維季秋霜風淒緊草木之葉或黃或瘁或槁或脫而菊也方濯濯然獨立於霜露之中含曜吐穎精采奪目與吾相對竟日冷淡而耐久瀟洒而有遠韻正可比方高人貞士立於世道之風波操履卓絕不爲威武勢力之所摧屈者矣夫其天姿高潔獨受間氣生不與草木同流死不與草木偕逝可謂物中之英百卉之桀然者也云云

菊名　御袍乃人君之服故列爲首

御袍黃　酴醾

銀荔支一名太師菊　金荔支

大金錢　小金錢

添色喜容一名蘸金　七寶黃又名十樣黃

七寶白　金堆

金鈴　大眉心

小眉心　金毬

銀毬　龍腦

桃花　金盞金臺

銀盞銀臺　大白又名霜下菊

小白　夏佛羅一名佛頂菊

秋佛羅　甘菊一名石決

小金荔支　野菊

一丈黃一名松籬菊　茉莉

金甌　玉盤

毛心　釵頭金

侍御　蠟梅一名道衣黃

尖葉白　小堆金

白玉錢　檀香黃
小金佛頭　疊金
大金佛羅　右四十一種其中亦闕九華

栽植

初種　仲春土膏流動菊苗怒生纔及五六寸掘起揀根莖大者相去四尺許種之先用麻餅末一大撮拌土

澆灌　一月凡三度鉏薙至日暮以溺澆之春月則用蚕沙一法先以溺漬草履置土下極有力

摘腦　纔高一尺以上便與摘腦摘腦則杈生而花闊至立秋而止唯夏佛羅銀毬菊不用摘

事實

嶺南異物志云南方多温臈月桃李花盡坼他物皆先時而榮唯菊花十一月開蓋此物須寒乃發寒晚故發亦遲

巴東縣將軍灘對岸山水平秀有黃花上下沱一望約五六里

東坡帖曰夏小正以物爲節如王瓜苦菜之類驗之略不差而菊有黃花尤不失毫釐近時都下菊品至多皆智者以他草接成不復與時節相應始八月盡十月菊不絕於市亦可怪也黃魯直跋之曰此何異虹藏不見而虹掛空雷乃收聲而雷發地耶

菊賦　張南軒欽夫

愉子有園一畮畦菊百本日遊其間乃爲之賦其辭曰西風兮東籬金英兮紫枝著嘉名兮既遠豈衆卉兮等夷標黃華兮月令寓落英兮楚辭生高岡兮燭隰原吟鮑照兮賦潘尼互松兮偕杞徑淵明兮宅天

隨秋日兮凄凄秋露兮離離萬木槁兮既下一鴈鳴兮初飛送孟嘉兮帽落逆王弘兮白衣其操兮箕山之潔其韻兮竹林之絕劉兮禦寇之御風慓兮馬曹之泛雪臨清流兮子陵之居瀨含夕霏兮真長之望月孤叢兮特秀幽香兮微透紫蝶兮黃蜂凛既寒兮猶湊聘芙蓉以爲妃兮命秋蘭以爲友官槐歛迹以宵逝兮巖桂容沮而色黕揖江梅以先發兮曰予之茂兮其庸可後邀黃葵以旅處兮曰珠玉其在側乎

豈不知予之陋一束既多兮魏帝之賜少者百年兮甘谷之壽枝葉老硬兮飽余腹於五月葩華丰好兮悅余目於重九歲植百本日繞百匝兮聊臨風而三嘆

杜甫詩以甘菊名石決

秋雨歎詩曰雨中百草秋爛死堦下決明顔色鮮著葉滿枝翠羽蓋開花無數黃金錢説者以爲即本草決明子此物乃七月作花形如白匾豆葉極稀疎焉得有翠羽蓋與黃金錢也彼蓋不知甘菊一名石決爲其名目去翳與石決明同功故吳越間呼爲石決子美所歎正此花耳而杜趙二公妄引本草以爲決明子疎矣哉

百菊集譜卷第六

宋　山陰史鑄著
明　新安程榮校

體題新詠　六十一首

以後附入諸士友十九首凡二者之内除於題下玆牘吟者八首其他諸篇皆是詠越中所有之品

勝金黃

籬下秋深花正敷煌煌金彩照玉爐維揚貢品雖稱貴顔色看來反不如

御愛黃

貴品傳來自禁中色鮮如柘恍迷蜂作歌亦見鍾情重承眷應會遇德宗

御袍黃

秋晩司花逞巧工解將柘色染幽叢待看開向丹墀畔（蕭穎士菊榮篇照曜丹墀）宛與君王服飾同（杜甫花卿歌綿州副使著柘黃注僭乘輿服色也）

九日黃

露叢花發例皆遲異品數金不詭隨應節及時眞可愛登高且把泛瑶巵

又

應時寒蕊拆秋令晃耀良金色可參似遇道人般七七故開佳節日三三

金錢菊

陰陽鑄出遶籬邊露洗風磨色燦然未解濟貧行世上且圖買笑向樽前

又 此作明用題字

天女將圖買斷秋等來白帝價難酬金錢滿閣飄嫌富撒向幽叢荒不收

金絲菊 明用題字

染如艷切人徒染如琰切金絲色侍女謾歌金縷衣爭似黃花得天巧織成紋綹力九切不須機

金鈴菊

化工寫出爛盈枝顆顆光明耀竹籬賞翫佳人應笑道待教繫向雪獅兒

金蓮菊 臆吟

迴出嬌紅媚一川風刀細鏤耀籬邊不妨捧向孩兒手留取清香在佛前

側金盞

圓模羅列占東籬西帝賜來宮樣奇疑是花神清酌罷儘教放處不妨欹

金盞銀臺

黃白天成酒器新曉承清露味何醇恰如欲勸陶公飲西皞應須作主人 又作擬將享宴司花女須報韋公舊主人

滴滴金夏菊也

未見秋來花便開人言因露作根荄千團萬點枝頭墜盡化黃金出土來

密友菊 按洛陽花木記用此密友字

寒英雅稱伴吾徒色正香清態有餘日涉中園長與會何憂因數反成疏 楊巽齋密友花有朵朵相迎意更覩之司愚今所作蓋取此義

天蜜卣菊 據高踈寮用此蜜卣字

化工也學剖蜂房秋卉粧成春蘂黃芬馥猶疑盛秬鬯未容輕把泛霞觴 書洛誥秬鬯二卣正義曰秬黑黍也以此為酒煑鬱金草築而和之使芬香調暢謂之秬鬯酒卣中樽也

橙菊

上林佳果久流聲 西京雜記云上林苑橙十株 秋徑香苞特假名

正須醅肥新酒熟幽人來賞兩含情

荔枝菊

某論枝上纍團黃且喜籬邊珍顆香若使唐家妃子見料應誤摘醉中嘗

茱萸菊

品出陶家花品外名存吳地藥名中若將泛入重陽酒不用分香摘兩叢

艾菊 明用題字

一入陶籬如楚俗重陽重午兩關情惜哉删後詩三

百菊奈無名艾有名 一換押鄉字韻云惟底陶籬似楚鄉寒花暑葉共枝芳無求往古三年劾且挹明朝九日香

末利菊 明用題字

來從西域馨香異 蓮經有末利花香之言 飜作東籬品目新悟此肯爲微利役殷勤來賞屬幽人 王梅溪末利花詩老來恥逐蠅頭利故向禪房覓此花今之鄙句蓋祖此義

甘菊

南陽佳種傳來久濟用須知味若飴苗可代茶香自別花堪入藥效尤奇

塔子菊 以金鈴菊蟠結而成

金彩煌煌般若花高蟠層級巧堪誇更添佛頂週遭種成此良緣勝聚沙 聚沙爲佛塔見蓮經偈言

毬子菊

團團秋卉出籬東惹露凌霜衮衮中疑是花神抛未過更教輾轉向西風

野菊

寒郊露蘂疎仍小 一年野菊甚盛乃改作繁何小 瘦地霜枝細且長境僻人稀誰與採馬蹄贏得踐餘香

黃白菊

二色秋英併一根金宜爲友玉爲昆相依笑向西風裹皓色須還中色尊

十樣菊 聽吟

霜蘂多般同一本天教成數殿秋榮從他蛺蝶偷香慣偷遍無過一例清

九華菊 吳有趙廣信嘗鍊九華丹此菊以丹爲名猶酴醾花以酒名之其意各有所寓杜光庭詩初開九鼎丹華熟

功成丹灶花堪比花到重陽色正鮮靖節集中名甚

耆羨他慣服制頹年

又

流芳千古傲霜英剪玉綵金照眼明若論駐顏功不
小仙丹蠕可與齊名

佛頂菊

籬畔光明緣底盛秋來千百化身多露棲不必醍醐
灌仁宗皇帝御贊蓮經灌頂醍醐滴滴凉醍醐酥之精液也雨沐何煩手掌摩楞嚴經世尊憐愍阿難以手摩其頂

大笑菊丁晉公詩花能含笑笑何人東坡詩花非識面常含笑今愚鄙句亦祖此義

玉顏巳破晚秋葩不費千金亦可誇幽徑主人偏愛
惜且贏耳畔沸諠譁

又明用題字

晚節敷華性異常黃冠白羽道家粧料應識破榮枯
事獨對秋風笑一場

又明用題字

桃笑春風菊笑秋冶容正色不相侔寒梅一笑如堪
索這笑方爲是匹儔

玉甌菊

化工施巧在秋葩琢就圓模瑩可嘉肴底香心直饒
色似罌賞客欲分茶

銀盤菊

秋英疑是白金裁承露如從仙掌來鬣笑漢皇銅制
古斬新一樣也奇哉

輪盤菊

秋深籬下拆霜英圓質風吹颺不停天巧固非煩扁
斲日新又並侍湯銘

粉團菊

月姊容顏別一家天真何必御鉛華秋來殘膩方拋
棄幻作籬邊馥馥花彭齊霜月詩應是姮娥剩粧粉一時拋撒下天來此借其意

月下白

素質鮮明絕點塵冰輪高照轉精神叢叢皓彩如羅
綺謂彩帛之紋亦有粟地菊之類箇樣誠堪示染人

纏枝白

西風頻拆晚秋葩色映霜華與月華不特翠枝柔猗
於可切儺乃可切更饒綠葉密交加

酴醾菊宋景文公酴醾詩來自蠶叢國香傳弱水神枝古蠶叢國即蜀中也

春架秋籬景一同想因分種自蘩叢但將酩酊酬佳節不管花居酒品中

木香菊

秋花也與藥名同素彩鮮明曉徑中多少清芬通鼻觀何殊滿架折東風

寒菊

不畏霜風質自殊不招蜂蝶豔何孤梅花松竹如相見朱希真十月菊詞須添羅幕護風霜要留與疎梅相見便合添爲四友呼

淮南菊

割脂簇蠟簇成團傑出東籬最奈寒加紫纈宜霜後

看料應慣見屬劉安

徘徊菊

花神着意駐秋光不許寒葩陡頓芳敷彩盤桓如有待幽人把玩不須忙

饅頭菊

籬火供炊餅餅圓陸放翁菊詩有餅餅香字前輩菊詩籬邊餅餅金幽人飽齕向籬邊採來還問堪餐否應使癡兒口墮涎

桃花菊

仙源分派到籬東灼灼穠華綴露叢若得詩章陶令酒兩家混作一家風

臙脂菊 臆吟

天女渫花情若狂鮮妍直欲媚秋光忍將陶徑黃金色也學秦宮朱臉粧

牡丹菊 臆吟

本是秋香九日黃假爲國色百花王待殘擬把酥煎啗見漁隱叢話後集二十三卷孟蜀時李昊事莫採芳英泛酒觴

紅薇菊 臆吟

天厭花黃色改殷烏閑切赤色也東籬景物似東山逗遛春

葉爲秋禁荊棘了無藏葉問

繡菊

寒葩纏纏結緗紅不待纖針見巧工秋老從他宮線減彩文纈喜入花叢

石菊

花美雖堪爲團扇豔妖未必入東籬紀名何取它山物徧問園官總不知愚按石菊大菊雖今古之名不同其實一種物也至秋結實名曰藆麥今窮兒麥粒之形了無所惑矣詩論既定竊意其石字當爲碩字書碩大也庶幾意合於古書

今後成一絕以紀其實云

又

餘𦾔葉纖花特奇艷濃九夏到秋時枝頭結實元爲藥爭奈越中人罕知若邁麥所出之地其幹直而堅

大菊明用題字即今之石菊也

菊名何大爲誰開子結秋叢是藥材若所產之地者結子乃至作穗若用催生功不小請嘗便可見嬰孩千金方治產經宛腹中以瞿麥煑濃汁服之數日不出或子

孩兒菊

弛毋提來風露徑笑風泣露並堪憐品微元乏香肌骨濫預秋英得浪傳

春菊蒿萊花是也

莫論園蔬品目卑花開不減菊幽奇燦然金色仍堪採春老恰如秋老時

紫菊馬蘭花是也

秋野閑花是繡鋪佳名得自比人呼見本草若教尼父當時見應惡紛紛色亂朱

觀音菊天竺花是也

霞幢森列引薰風高出踈籬紫滿叢翠葉纖纖如細柳直宜挿向淨瓶中

繡線菊厭草花是也

天成素縷結秋深巧刺由來不犯針籬下工夫何絢爛條條縮綴紫花心

佳友昔曾端伯以菊爲佳友愚今以詩實其名

氣清色正品尤高好事幽人善與交開徑何須望三益相陪雅尚在香苞

壽客近世張敏叔以菊爲壽客愚今以詩實其名

東籬冷落舊家鄉性耐風霜氣味長幾度入來重九宴主人傳得引年方

對菊懷古

靖節先生菊滿園其名獨有九華存東籬若許塵蹤到佳品須當盡討論

菊花單題

獨芳三徑屬秋深清致貞姿快賞心解道卓爲霜下傑平生靖節最知音

金絲菊　馮䝨藻十首

纏風綰雨短籬旁織出黄花縷縷黄遥想司花幾仙
子鮮明擬作六銖裳
茱萸菊
一種秋英具兩般摘來浮向酒盃寛阿誰到得重陽
日醉把花枝子細看
夏月佛頭菊
圓英現出端嚴相素瓣湪成知見香必竟白毫破炎
毒故教開向夏畦凉
酴醿菊

秋花也與酒齊名三月酴為九月英朶朶露栖明亞
雪還如壓架拆春晴
朝天菊 臆吟
凌霄花旨凌霄去向日葵空向日傾何似幽姿堪對
越也酬洪覆拱高明
桃花菊
恠底元都花發遲西眞着意在霜枝春葩也耐秋風
勁紅雨何愁亂入籬
牡丹菊

秋香剛欲竊天香遥想南陽似洛陽莫道東籬譪聲
價詩人曾擬作花王
孩兒菊
穉叢弱質巧相如膮沁啼痕一雨餘天亦何心鍾愛
汝也呈佳色殢陶盧
采菊 用古人名賦

和霜旋采黄香嗅與客登高適興時多謝安排滿頭
揷相隨何得怨開遲
金鈴菊 孫耕 三首
疑是良工巧鑄成天然顆顆帶黄英籬邊一任風揺
動不學簷前斷續聲
孩兒菊
弱質生成由地毋清姿保愛藉園公花偏嬌嫩葉偏
細凝竚籬邊弄晚風
鷺鷥菊 臆吟此品嚴州有之

玉羽毿毿剪作花花心挺出傲霜華恰如未上青天
去且立西風古徑斜

楊妃菊 聽吟 陸希聲

含笑向籬芳花叢似洞房露濃新出浴霜薄淺成粧
尚帶霓裳色猶存輦路香張全真題明皇太真臨鏡圖詩並轉春風輦路香
故令千載下還許侑瑶觴

金盞銀臺 許光曾

黄中素表折秋葩恰似開筵富貴家晃耀西風深院
裏清標不減水仙花

佛頭菊 僧希高 二首

佳卉超凡沐雨開恍如螺髻出山來世尊肉髻見蓮經與楞嚴經
就叢更種金蓮菊

大笑菊

寒花也解媚清秋貌似呵呵滿檻稠若使幽王能看
眼何須舉火戲諸侯

金錢菊 僧文行 二首

化工鑄出最光圓開數枝頭不計千滿徑黄花秋富
貴陶公何必苦無錢

大笑菊

遶籬喜色破新愁一粲西風卒未休穀梁傳注粲然盛笑貌非
學野花留寶靨應嗤楚客獨悲秋

集句詩 史鑄 四十首

鑄兒童時嘗閲東軒臞儒趙公渼集句梅詩喜其多有可取今故效顰采擷百家英華爲菊成章也

種菊

幽懷遠慕陶彭澤王禹偁 一畝荒園試爲鋤蘇子由
自種黄花添野景謝景山見詩話總龜 幾多光彩照庭除魏野

菊花 十二首

無豔無妖別有香僧齊己對菊 知心誰解賞孤芳陸務觀
淵明酩酊知何處王荊公 安得斯人共一觴胡無逸

二

霜裏鮮鮮照眼明王十朋 人言此解制頽齡梅聖俞
憐香擘破花心嗅姚揆 酌盡蘚中竹葉餅黄山谷

三

一夜清霜殞物華蔡柟 寒芳開晚獨堪嘉丁寶臣
析來嗅了依前嗅邵堯夫 不是尋常兒女花王十朋

四千金方菊花作枕袋大能去頭風明眼目陸務觀菊詩傍籬小摘供囊枕留得殘香夢亦清

籬菊含風暗度香余安行　栽多不爲待重陽齊己
愈風明目須真物蘇子由白菊　夢寐宜人入枕囊山谷

五

露叢芬馥敵蘭芽韓忠獻公　清賞終存好事家丁寶臣
莫遣兒童容易折洪景盧　此花開盡更無花元微之

六

露裛幽花冷自香釋皎然　藥中功效不尋常王十朋食薑
祛風偏重山泉漬文保雍　胡廣餘緣却壽長鄭剛中菊

七

清香裛露對高齋司空圖　端伎茲花慰老懷王十朋
欲折一枝來侑酒蔡楠　登高能賦屬吾儕陳後山

八

八月九月天氣涼李白　遶欄種菊一叢芳邵堯夫
好風應會幽人意江奎　時去時來管送香張芸叟

九

不趁盛時隨衆卉文與可　幽姿高韻獨蕭然田元邈

十

別開小徑連松路王介甫　常愛陶潛遠世緣梅聖俞

籬菊開時寒有信王彥霖　幽香還釀客懷清周麟之
折歸忍負金蕉葉張彥實　欲伴騷人賦落英蘇東坡

十一

菊花有意浮盃酒汪彥章　秋老霜濃滿檻開江褒
多謝主人相管領沈瀛　盡收清致助吟才張子野

十二

一夜新霜著尾輕歐陽永叔　照窗寒菊近人清聞人善言次韻童恭叔
贖收芳蘂浮巵酒曾端伯　白髮年年不負盟聞人善言中秋月

黃菊二十首

黃花漠漠弄秋暉王荊公　竚立階前香在衣王性之
正色逢人何太晚強幾聖　衰翁相對惜芬非白樂天

二

白露黃花自遶籬羊士諤　幽香深謝好風吹晁菉公
陶公沒後無知己李山甫一作羅隱　歲歲花開知爲誰李頎

三

凡菊詩中言霜露者甚多至於言雨者惟王龜齡嘗稱范文正公有句云半雨黃花秋賞健云

遶籬黃菊自開花僧洪覺範　開日仍逢小雨斜丁寶臣菊第三首句
自得金行真正色丁寶臣菊第二首句　肯參紅紫鬬紛華朱希真

四

金英寂寞爲誰開王禹偁　底許清香鼻觀來張孝祥

籬下先生時得醉白樂天　餘風千載出塵埃王荆公

五

滿園佳菊鬱金黄白樂天重陽席上　壽質清癯獨傲霜楊巽齋

且喜年年作花主白樂天花前歎　依然相伴向秋光羅隱菊

六

五行正氣産黄花杜光庭　不在詩家即酒家錢昜

詩筆酒盃俱有味元鋒　亦同元亮舊生涯本朝江爲

七

滿地黄花得意秋良常闢庭下白沼潘傍節栽松過菊剗　移來庭檻助清幽齊唐

自緣禀性天生異張齊賢　不與繁華混一流楊時可

八

籬邊黄菊爲誰開李嘉祐　轉憶陶潛歸去來高適

插了滿頭仍漬酒邵堯夫　且謀歡洽玉山頹元澶

九

倚風黄菊遶踈籬彭應求　自有清香處處知毛友

今日王孫好收采鮑容　濁醪霜蟹正堪持蘇子由

十

[illegible]蘂開曉更清歐陽脩　薄霜濃露倍多情劉原父

十一

[illegible]田誰是淵明興趙嘏　獨遶東籬萬事輕周紫芝

叢菊踈踈着短籬僧璉不器　重陽前後始盈枝文與可

十二

托根占得中央色趙宋英見氣候推蒙　不比凡花兒女姿姜特立

自有淵明方有菊辛幼安　因人千古得嘉名韓忠獻

一年好處君須記蘇東坡　翠葉金華刮眼明劉原父

十三

東籬黄菊爲誰香王十朋　不學群葩附艷陽蘇滄庵

直待素秋霜色裹廖臣凝　自甘深處作孤芳文與可

十四

香霧霏霏欲噀人蘇東坡　黄花又是一番新宋邦求見愚園张史

陶家舊已開三徑韓治　直到如今迹未陳楊巽齋

十五

滿眼黄花慰素貧山谷　年年結侶采花頻劉禹錫

要收節物歸觴詠張灝　只許閑人作主人姜特立

十六

菊花天氣近新霜 陸務觀 節近花須滿意黃 陳後山

十七

陶令籬邊常留宿 曾端伯 朝來滿把得幽香 蘇子由

東籬九日富黃花 曾端伯 節物驚心秪自嗟 許景衡

十八

盡日馨香留我醉 王禹偁 銀瓶索酒不須賒 王十朋

斜照明明射竹籬 僧道潛 黃華能與歲寒期 范文正公

人疑五柳先生宅 周紫芝 消得攜觴與賦詩 鄭谷

十九

黃花弄色近重陽 僧道潛 風拆霜苞細細看 江褒

似與幽人爲醉地 陸務觀 隨晴隨雨一傳觴 陳與義

二十

可意黃花是處開 蘇東坡 芝蘭風味合相陪 綦崈禮

應須學取陶彭澤 白樂天 左把花枝右把盃 司空圖

白菊 三首

我憐貞白重寒芳 陸龜蒙 小徑低叢淡薄粧 蔡柟

謝女黃昏吟作雪 徐仲車 天然別是一般香 李端叔

二

幽芳天與不尋常 江褒 逆鼻渾疑雪亦香 陳後山一作張潛

把酒可能追靖節 汪彥章 素英一色混瑤觴 邵堯夫只此一句聚於五言

三

瓊葩燦彩遶籬東 楊巽齋 不怯清霜更耐風 趙令衿

淡泞精神無俗艷 江褒 獨高流品蕙蘭中 李[illegible]

黃白菊 胡侍郎二色蓮詩見醉翁談錄

金英鑠鑠擅秋芳 楊巽齋 中有孤叢色奪霜 白樂天

手把數枝重疊嗅 邵堯夫 兩般顏色一般香 胡侍郎詩紅白蓮花共一塘云

野菊

一簇疎籬有野花 邵堯夫 不應青女妬容華 洪龜父

繁英自剪無人插 李[illegible] 只有黃蜂趁兩衙 孫仲益

晚菊

青蘂重陽不堪摘 杜甫 重陽已過菊方開 邵堯夫

不將時節較早晚 王十朋 且折霜蕤浸玉醅 蘇東坡

殘菊

節去蜂愁蝶不知 鄭谷 冷香消盡晚風吹 謝無逸

碎金狼藉不堪摘 陸務觀菊 空作主人惆悵詩 于武陵一作韋莊

引用唐宋名賢詩句

唐二十二名 以下人名依集句次第

僧齊己　元微之
釋皎然　司空圖
李白　白樂天
羊士諤　李山甫
李頎　羅隱
李嘉祐　高適
元凜　鮑溶

趙嘏　廖匡凝
劉禹錫　鄭谷
陸龜蒙　杜甫
于武陵　杜光庭

皇宋七十名

王禹偁　蘇子由
謝景山　魏野
陸務觀　王荆公
謝無逸　王十朋

梅聖俞　黄山谷
蔡柟　丁寶臣
邵堯夫　余安行
韓忠獻公　洪景盧
文保雍　鄭剛中
陳後山　張芸叟
文與可　田元邈
王彦霖　周麟之
張彦實　蘇東坡

汪彦章　江袤
沈瀛　張子野
歐陽脩　聞人善言
曾端伯　王性之
强幾聖　寇萊公
僧洪覺範　朱希真
張孝祥　楊巽齋
錢易　元絳
江爲　良祐

齊唐　　　　張齊賢
楊時可　　　毛友
劉原父　　　周紫芝
僧璉不器　　趙宋英
姜特立　　　辛幼安
蘇澄菴　　　朱邦永
韓治　　　　張灝
許景衡　　　僧道潛
范文正公　　陳與義

綦宗禮　　　徐仲車
李端叔　　　趙令衿
李彝　　　　胡侍郎
洪龜父　　　孫仲益
不記何代三名
姚揆　　　　江奎
彭應求

愚自丙申迄于甲辰每得菊之一品一目必稽于衆其言同者然後筆而記之今譜內有六品尚闕其說緣愚曩嘗一見今雖丁罕種未獲再覩以取其的故也凡九年間於吾鄉得正品與濫號假名者總四十五種以次諸譜之後予昨當花時每歲須苦吟體題詩與集句詩一二十篇以揄揚衆品之淸致積稔彌久幾至二百篇今選百篇濫贅卷尾至此興盡而絕筆矣爾後雖間有黃薔薇金萬鈴之類始出此二品首見於虢地品類近時吾鄉亦有之然愚年將耄景則纈眼勸於辨眎未容苟簡增入也如有與我同志者幸爲續譜云

菊史補遺

前編始成愚乃標之爲百菊集譜因同里　判簿

兆偉伯見之乃裒以佳名曰菊史續又見古人江

奎詩有他年　若脩花史之句　高踈寮有竹史

之作但鑄才踈識淺所愧不足聯芳於前賢乃者

物　府察　盧舜舉諱選　録示黄華傳近又蒙同

志　陸景昭假及鞠先生傳今故併行校正列於

補遺卷端䟽表此編濫有稱史之名耳昔淳祐庚

戌歲季春吉旦愚齋史鑄顏甫識

目録

黄金盞菊　簇金菊

金箭頭菊　金骨朶菊

黄金帶菊　銀鈸菊

玉盤珠菊　玉瓏璁菊

伴梅菊　茶菊

松子菊　金陵菊

江陰菊　江陰白菊

獻歲菊　四季菊

中秋菊　鳳頭黄菊

鬧蛾兒菊　墨菊 其中亦闕九華之名

菊史補遺

廣信邢良孠　撰

山陰史　鑄　校

黃華傳

黃華字季香世家雍州隱于山澤間生男曰周盈曰延年女曰節女皆爲神農氏之學歲久苗裔散處天下有黃氏白氏金錢氏金樓氏凡七十餘族而黃氏最顯華少時取青晚節取紫初爲內黃令（九域志北京大名府有內黃縣）嘗開卷讀易至黃中通理餐然笑曰美在其中暢於四支美至榮滿而歸南遊楚屈大夫方與江蘺杜蘅及公子蘭作離騷之辭得華喜同嗅味把玩不斁楚人歌之曰有美屈平兮洵潔且清兮咀華之英兮挹我謂我馨兮吕不韋著春秋聞華名氏援筆特書然華靜介自立不能媚俗好至魏文帝時嘗徵華入見神采英發帝喜語鍾繇曰黃華函乾坤之淳和體芬芳之淑氣宜侍宴金華殿人亦未甚愛也晉陶淵明曠達有高尚之氣然且見華俯加採納曰吾不肯折腰對督郵今爲吾子折腰與語有味（黃菊味甘）華曰

吾甘心從先生遊餘子苦口（白菊味苦）何足置齒牙間哉淵明逌翦茅開徑延置家園觴詠陶寫必訪華東籬下握手至熏夕淵明醉眠遣客罷休（罷部買切）華獨露坐不去缾罄樽空相對悠然江州刺史王弘聞淵明有佳客亟遣白衣致餽淵明貯酒滿船（船謂酒舩）命華拍浮其中以爲樂淵明有友徂徠十八公與華齊名蒼髯長身嘗從大夫之後下膏澤有醞藉（膏謂松脂可以釀酒）能製中山醇醪（酒經曰醪汁滓濁酒也東坡松醪賦云製中山之松醪愚按中山在四京以北定州之地東坡帥定武日嘗飲此酒作賦）華譏其非聖人之清十八公曰我自用我家法卿自用卿家法（二句出世說子嵩云）或問其所以同華曰陶先生自拔於流俗十八公不彫於歲寒華雖當青女降霜亦不變色（淮南子秋之月青女乃出以降霜雪高誘注青女天神青娥玉女主霜雪娥乙驕切愚覽漁隱叢話與高續古緯略並引作青腰玉女）是則同時人目爲三傑華既經淵明稱賞名聲表表每遇良辰賓朋登高開宴華至天資中正非梔貌蠟言（梔貌蠟言出柳文）黃衣燁燁意象閑雅清風徐來德馨襲人至其晚節不與草木俱腐羣英掃地華獨固蔕歸存曰予自上世以來曉輕身明目之術書名方冊世以爲

仙且其所居有潭水飲之能制頹齡於華可知矣子孫枝分傲睨冰霜挺有風烈與黃橙陸吉同時東坡有黃甘陸吉傳以爲一年好處人到于今稱之

賛曰有煒黃華淵乎似道朱紫競時惟華獨也正羣英牢落惟華獨也在莊子德充符受命於天唯舜獨也正受命於地唯松柏獨也在又遇騷人達士着語品題名譽始益光大雖今古常見而風采常新楊子雲曰無仲尼則西山之餓夫與東國之絀臣惡乎聞非衛楚言也左哀二十四年是衛楚言也户快切謂過謬之言夫遇與不遇人物之顯晦繫焉予於黃華亦有感於斯云

鞠先生傳

建陽馬　揖　撰

山陰史　鑄　校

先生名鞠字華其先爲甘氏祖曰節華佐神農著本草書成帝用嘉之乃命竹史差次其功封以沃土位在上品之上既而歸隱于南陽潭之山谷世濟其美人多壽考黃帝嗣興有土德之瑞色尚黃數用九帝曰爾世有大功于民就錫汝以南陽之土賜姓黃氏世世相承以九月九受封之日爲先生壽名曰嘉節先生明德惟馨操履貞介恥與庶類競逐繁華雅志清高務堅晚節雖青女橫陳而正色不變王公貴人慕其風味爭相迎致然氣類不相合則雖强留納交而先生終不屑意惟田園守拙之士巖谷隱逸之人事之惟謹即與傾蓋定盟盃酒不相舍先生雖潛德不耀然呂令之正四時成周王后服飾之用先生與有力焉所知巳者楚有靈均晉有淵明本朝有韓稚圭皆與結好爲平生歡近時番禺崔公寧辭相印不

拜自號菊坡而甘心相與徜徉於其所其見貴重於世如此若昔陶隱居陸天隨諸子升堂矣而未入於室也每歲九日上自宮掖下至閭巷各稱豐儉爲先生壽白衣送酒漢宮開釀太官賜餻或獻茱囊或薦蓬餌或烹桑苧之茶皆爲先生之侶也且貴爲天子如唐德宗亦作爲歌詩以慶之至於醉臥籬東友栽籬西此又各隨所寓而稱壽者也其本支百世子孫千億散而之四方者不知其幾若夫族類大略則有范成大諸家之譜在兹不復録

太史公曰先生肇分茅土皆倣其方之色鞠自啓國
南陽之後居湘灘彭澤者二千祀不易黃姓自餘散
處四方者考其氏而知其方若白氏紅氏則著於西
南或言朔庭有墨子（墨者又衆色之後此近世方有）然未嘗與中國
盟會故名不顯其在青社者有蒼藍二氏生亦不蕃
要之南陽實在中土而黃氏又居方之正得數之中
其後宜莫與京自受采土生金又當金天御宇之時
宜白之盛亞於黃彼朱者子信美矣而有富貴濃艷
之態不類山林有道者氣象君子尚論盍謹考哉

雜識

胡少瀹菊譜序云嘗試述其七美一壽考二芳香三
黃中四後彫五入藥六可釀七以爲枕明目而益
腦功用其博神農所以載之上經姬公所以列之
爾雅屈大夫所以飡其英而著之離騷呂不韋所
以覩其華而編之月令黃鵠下太液武帝形之歌
九月九日漢風俗以爲酒自後胡廣袁隗諸人則
取其水以爲飲食仙人王子喬與陶洪景輩至啖
其根葉考其源流蓋自上古已知貴重今人但言
陶淵明所好殆不得專其美也云云（按西京雜記武帝歌曰黃鵠飛兮下建章金爲衣兮菊爲裳）

胡少瀹菊譜後序云予胡子既作菊譜客曰菊之品
不一而足然則花之似菊者吾子亦有取乎曰夫
疑似之間毫釐之際君子明辨而不恕正以其似
是而非有以害道若陽虎之貌似夫子項羽之瞳
子如舜其可以形似而遽信之今菊之爲物挹之
馨香餌之延齡標致高爽如此自餘小草僅可爲
臣僕奴隸詎敢望其音影花雖相近乃菊之盜猶
小人之效君子非不緣飾其外而胷中之不善詎
能自揜余懼夫人他日之耳目或爲所惑故以其
黨類列之編末

桐蒿花　地丁花　馬蘭
滴滴金　千里光　旋復花

今觀草堂詩餘其中鷓鴣天桃花菊詞有云解將天
上千年艷飈作人間九日黃愚謂此黃字（最爲深病不然改却飈作二字）
又檢康伯可詞乃作換得人間九日黃且
換得二字用之亦未切當及覈張狀元長短句方
知是偷將天上千年艷染却人間九日黃至此意

義明白乃知下字之工妙

劉蒙譜菊有順聖淺紫之名愚按　皇朝嘉祐中有油紫　英宗朝有黑紫　神宗朝色加鮮赤目爲順聖紫蓋色得其正矣詳見塵史

辨疑

按本草與千金方皆言菊花有子愚初以此爲疑今觀魏鍾會菊華賦其中有芳實離離之言必可取信續又見近時馬伯升菊譜有該金箭頭菊其花長而末鋭枝葉可茹最愈頭風世謂之風藥菊無

苗冬收實而春種之據此二說則知菊之爲花果有結子者明矣

菊花多真假相半難以分別其眞菊花蔕子黑而纖若野菊則蔕子有白茸而大味極苦博聞新録

夏菊越人名爲滴滴金愚觀胡氏譜乃以此品爲菊之盜蓋因此種枝葉與諸菊不類又至於手撚嗅之絶無其香故胡譜遺之不取愚今之爲譜輒反取之者何乃是徇俗泛愛其名耳信此似是而非者也

詩賦

菊華賦　魏鍾會

何秋菊之可奇兮獨華茂乎凝霜挺葳蕤於蒼春兮表壯觀乎金商延蔓蓊鬱緑坡被岡縹幹緑葉青柯紅芷芳實離離暉藻煌煌微風扇動照耀垂光於是季秋初月九日數并置酒華堂高會娛情百卉凋瘁芳菊始榮紛葩韡韡或黄或赤圓華高懸準天極也純黄不雜后土色也早植晚登君子德也冒霜吐穎象勁直也杯中體輕神仙食也乃有毛嬙西施荆姬

秦嬴妍姿妖艶一顧傾城擢纖纖之素手雪皓腕而露形仰撫雲髻俯弄芳英

愚齋云今諦玩此賦乃知茲菊非尋常之品必是異於衆者蓋其中有云延蔓蓊鬱緑坡被崗則知此菊之有藤也又云芳實離離暉藻煌煌則知此菊之結子也又云圓華高懸準天極也則知其餘之高決非低小之叢此品必是世謂一丈黄者也

寒蜂採菊蘂詩　耿緯唐人

遊颺下晴空尋芳到菊叢帶聲來蘂上連影在香中
去住沾餘露高低順過風終慙異蝴蝶不與夢魂通

和洪教菊古風　林少頴

陶令遺世情尚餘愛菊念菊亦有可愛愛之若不厭
我觀傲霜枝真金赴烈焰道韻輕園綺孤標敵鍼奄
配以靖節名萬古不爲忝况兹中央色獨許此君占
凝然端正姿不受紅紫艶草木吾味同世情那得染
璀璨歸來辭斯言了無玷 全文於此有四韻今節之 偶亦愛此花
秋來朝甚饜富貴兩浮雲天地一旅店是中論饑飽
本自無贏欠便擬學淵明柰此才不贍菊資三徑荒
酒須十分灩待讀悠然句乃無雍徹僭但論廣文詩
痞愈不須砭

菊花 劉子翬

芳叢馥郁早抽芽金蕊斕斑晚著花檻小移時爭蓊
鬱地寒開意少榮華輕煙細雨重陽節曲徑疎籬五
柳家比得春蘭休競秀且供幽客泛流霞

晚香堂題詠 馬揖伯升

愛菊

愛菊吟詩興不窮平生事業在其中成名縱未爲詩
將立傳猶堪號菊翁

對菊

淵明長醉屈平醒採菊飡英得趣深野老對花醒復
醉不同時世却同心

賞菊 花品甚富四時相繼

時時載酒過籬邊無日無花到眼前清賞不須論九
日一年長是菊花天

友菊

雨餘深院香猶在霜後疎籬色倍明臭味相投吾與
汝不隨時世變枯榮

茹菊

雨餘采擷供晨饌亂簇冰盤翠欲流勝友過從休失
笑山居只此當珍羞

淵明菊 單葉白花一名晉菊花之豐腴倍於他菊一幹一花潔白鮮明

一叢瀟洒向寒榮曾結柴桑社裏盟貞白飄奇無附
麗固應千載擅芳名

大夫菊 細葉黃花花可入藥苗亦可茹即今之甘菊也 愚齋云一說淵明菊乃黃色而細者

此花獨抱清高趣人爵安能浼得渠與作大夫君識
否餐英想自楚三閭

處士菊 多葉白花豐潔而閑淡世謂之處士白又有所謂處士黃者花小而繁

皎皎貞芳雅淡容濂溪推許一何公名標隱逸非無
意爲有脩然林下風　濂溪先生周茂叔愛蓮說云菊爲花之隱逸者也

伴梅菊　多葉白花花獨殿於衆菊

雪蕊霜枝本異花同時一一殿年華誰移五柳先生
宅來傍孤山處士家

金錢菊　多葉黃花大如折二錢

一徑黃花伴隱居圓如鵝眼大如榆山翁潤屋惟資
汝張武還知有此無

黃金盞菊　千葉黃花大如折二錢細葉相比頗類笑靨兒但中陷而外突耳

九日黃花有意開也應知道白衣來先生必向花前
醉故遣花神爲捧盃

小金鈴菊　葉類茶菊叢低枝密金色圓花大如筋頭纍纍相比聚於葉端

時當少皡嚴申令故遣金鈴報晚秋寂寂千林正搖
落似將木鐸振衰周

萬鈴菊　花類佛頭黃而豐腴叢高大而扶疎色鮮明而光采

金風鑄出晚秋英造中鑪中巧賦形飛鳥欲來還又
去似疑有許護花鈴

玉盤珠菊　多葉白花中數小葉合而爲心如珠之圓宛若盤心之承珠也

月斧修成玉一團離邊清潤逼人寒花心擁出驪龍
寶一顆盈盈欲走盤

茶菊　黃色細花花心有苦本草云菊一種紫莖氣香而味甘美葉可羹者爲真菊即此是也

靈種初非來北苑仙根却自出南陽且同陸羽烹春
雪未許淵明把酒觴

鬧蛾兒菊　細葉淡黃花一花不過三四葉葉各相向如蝶拍之狀聚於枝梢栩栩然若將飛舞也

花神巧剪鬧蛾兒春去飄零無處歸尚有寒枝香信
在故應撲撲滿園飛

墨菊　出於朔庭近世方有

獨抱緇衣對曉寒天然清淡惡華丹多因元亮題詩
筆洒在寒枝濕未乾

對菊有感

鬢鑠山翁志未衰生平惟菊供襟期清標慣與霜爲
敵貞節不求春見知把酒相忘陶栗里採茗同調陸
天隨浮榮過眼真堪笑秋晚論交更有誰

白菊

寒香獨立向吾廬風采精神與衆殊細琢水晶成格

範巧裁雲母作肌膚霜凝葉辦疑何厚露滴花心認
却無縱使雜居流品内知君浩浩不能汙

紫菊

紫府羣仙衣紫霞却嗔素節不繁華移將西掖三秋
色散作東籬九日花荷㯶旁觀難入社茱囊相與是
通家靚莊麗服還同調莫向西風立等差

鑄淳祐壬寅之夏嘗序菊譜刊梓以便夫觀覽越
數年忽得晚香堂百詠開卷伏讀則知 馬君先
輩酷愛此花無日而不以爲樂亦嘗作譜於淳祐
壬寅之秋愚味其詩立意清新造語騷雅體題明
白世所未有也第愧鑄耄拙非才不足追攀英躅
又不識 隱君燕逸何方與吾鄉限隔江山幾許
里而獲聞賢士君子志同道合如此登堂拜面其
願莫遂實勞我心今姑摭二十篇附于右將以益
衍其傳云

續集句詩

史鑄　前四十首　後二十首

種菊

春初種菊助盤蔬蘇子由　益氣輕身載舊圖劉夢得舊圖謂本草也
終藉九秋扶正色鄭剛中　芳時偷得醉工夫白居易

菊花五首

不受陽和一點恩李山甫　不嫌青女到孤根盧彦德見盛山集
年年歲歲花相似劉庭芝見詩話總龜　誰爲陶潛買酒樽陳元老見城山詩集

二

粲粲秋香雨露葩趙宋英　天教晚發賽諸花劉禹錫
輕煙細雨重陽節劉子翬　且盡芳樽戀物華杜甫

三

漸覺西風換物華朱弁見宋百家詩續選　秋叢遶舍似陶家元微之
世人若覓長生藥呂洞賓詩下句呂道人　百草枯時始見花歐陽永叔

四

代謝相因寒事催趙宋英　繞籬疎菊又開花許渾
霜晴日淡虛庭裏葛吏部見歸愚集　多少淸香透入來陸龜蒙菊

五

不是餐英泥楚騷吳芾見寒綠詩集　重陽菊蘂泛香醪宋白

尋常不醉此時醉邵堯夫　陶令拋官意獨高葉夢得

黃菊九首

百卉千花了不存陸務觀　獨開黃菊伴金樽陶弼

欲知却老延齡藥歐陽永叔　誰信幽香是返魂東坡

二

菊是去年依舊黃南唐後主李煜句見從今集新句　風從花裏過來香上句水向石邊流出冷云

杯中要作茱萸伴葛吏部乃丞相邲之父　更領詩人入醉鄉胡曾

三

白酒新熟山中歸李白風雅韻作新熟禪本作初熟　黃花漠漠弄秋暉王荊公

東籬採菊隱君子王十朋　醉覺人間萬事非失記名上句霜柑糟蟹新醅熟

四汪彥章菊詩蔵蕤羽葆雜金規

羽葆層層間彩金姜特立　醉來不厭遶叢吟賈島

滿頭且應良辰揮韓忠獻王　不揮滿頭辜此心王荊公

五

籬外黃花菊對誰嚴武附杜甫詩集　應知彭澤久思歸王禹偁

有花堪折直須折李錡覽杜牧樊川集杜秋娘詩註　新酒初篘蟹正肥趙端行見高踈寮叚西里詩稿

六第三句亦可作今朝有酒何妨醉但不知何人所作

無限黃花簇短籬蘇子由　幽香深謝好風吹寇平仲

勸君終日酩酊醉李賀　莫待無花空折枝李錡

七

花裏風神菊擅名陸務觀贈菊見荼蘼庵集　綠枝黃蘂有高情張嵲字巨山

詩人不悔衣霑露范希文　步入芳叢脚自輕王之道見相山居士集

八

幸無風雨近重陽僧法顯見游丞相謙得亭適庵詩集　折取蕭蕭滿把黃崔德符

酒面浮英爱芬馥梅聖俞　銀觥須引十分強李清臣

九

不與羣芳競魏野　宜乎殿顥商邵堯夫

露從今夜白杜甫　菊是去年黃南唐李後主

九日陶公酒陳襄字述古　一生青女霜羅隱

有同高士操王之道字彥猷　得爾慰淒涼翁龜翁

白菊

玉樻碎葉塵難染江袤　露濕香心粉自勻朱喬年見韋玉集

一夜小園開似雪朱貞白　清香自是藥中珍許景衡

野菊二首

熠熠溪邊野菊黃東坡　風前花氣觸人香邵堯夫

可憐此地無車馬韓退之　掃地爲渠持一觴陸放翁

二

野花無主爲誰芳陸務觀　酒熟漁家擘蟹黃山谷詩句
遇酒逢花須一笑山谷詞句　故留秋意作重陽陳後山

晚菊

節過霜風衮衮來許景衡　菊花寂寞晚仍開劉滄
誰云既晚何用好王十朋　爲我殷勤送一杯白樂天

殘菊

天地方收肅殺功陸務觀拒霜花　菊枝傾倒不成叢陸務觀九月晦日

碎金狼藉不堪摘陸務觀殘菊　圖得人知色是空僧詠槿花上句朝開暮落緣何事云

引用唐宋名賢詩句其名已具入前編者今不再具

唐九名

許渾　李後主
胡曾　賈島
嚴武　李錡
李賀　韓退之
劉滄

皇宋二十一名

劉摯　盧彦德
劉庭之　陳元老
劉子韋　朱弁
葛吏部　吳莘
宋白　葉夢得
陶弼　趙蕃行
張嵲　王之道
僧法顯　崔德符
李清臣　陳襄

翁龜翁　朱喬年
朱貞白

詞

瑞鷓鴣按前人所作有以平聲字起或有以仄聲字起二者皆通

詠桃花菊　史鑄

底事秋英色厭黃　喜行春令借紅粧　謝天分付千年品　特地攙先九日香此花八月半開愚先以千年對三徑緑三字是平聲不叶宮調故改作九日但犯前賢已用之對　陶令駭觀須把酒　崔生瞥見誤成章　蜂情蝶思兼迷了　採藥還如媚景忙

正誤

省郎史正志省當作侍曾爲建康留守

集句詩宋邦永宋當作朱

跋續眼本作老眼

胡融譜夏佛羅秋佛羅大金佛羅此三品即佛頂菊也其羅字當作螺蓋佛頂乃天生肉髻捲螺髮其菊心頗類之

塔子菊高蟠層級巧堪誇巧堪誇可改作聳簷牙

大笑菊不費千金亦可誇可改作百媚千金不足誇亦可作誰把千金競好奢

饅頭菊前編可改云

離火供炊餅餅圓幽人餐飽向

籬邊摘歸閑與癡兒說也使心懽口墮涎

石菊花瓣五出或有名爲千葉者其實十餘瓣也有深紅粉緣者此品花瓣上下各一色向上一邊深紅色向下一邊白色其上面粉緣乃接下色也

百菊集譜補遺卷終

餘姚宋禮寫

菊譜

（明）周履靖　黄省曾　撰

《菊譜》,(明)周履靖、黄省曾撰。周履靖(一五四九—一六四〇),字逸之,初號梅墟,改號螺冠子,晚號梅顛道人。嘉禾(今浙江嘉興)人。在詩詞、書畫、醫學、博物等方面均有造詣,著述頗多。黄省曾(一四九〇—一五四〇),字勉之,號五嶽山人。吴縣(今江蘇蘇州)人。舉嘉靖辛卯(一五三一)鄉試,從王守仁、湛若水遊,又學詩於李夢陽。刻書多部,並著有《西洋朝貢典錄》《擬詩外傳》《客問》《騷苑》《五嶽山人集》等。

該書共二卷,上卷周履靖撰,爲《藝菊法》,分爲培根、分苗、擇本、摘頭、掐眼、剔蓋、扦頭、惜花、護葉、灌溉、去蠹、抑揚、拾遺、品第、名號等十五目,既包含菊花種植養護方面的知識,也包含對菊花品類的鑒定,涉及面較廣。下卷又稱《藝菊書》《藝菊譜》,是黄省曾《農圃四書》的第四卷。分爲貯土、留種、分秧、登盆、理緝、護養六目。然後爲『治菊月令』,詳細記述從正月至十二月的治菊諸法。下卷着重於『藝』,講究菊之栽培方法,具有一定的實用性。

該書有《夷門廣牘》本,爲萬曆二十六年(一五九八)刻本。今據南京圖書館藏《夷門廣牘》本影印。

(何彦超　惠富平)

菊譜上卷目錄

藝菊法

目録終

菊譜卷之上

嘉禾梅墟周履靖編次

藝菊法

一培根

凡菊於夏間澆灌得法秋後根頭便有嫩苗叢生候花開過摘去枝葉止留本根尺許掘地作小窖澆糞一杓将菊本埋之摻乹土置窖中四向填摻新土仍愛護嫩苗比及到春巳茂盛矣若不曾上盆原在地上者不必如此安排但只

於臘月中澆糞可也

二分苗

正月間擇地一所鋤轉拾去草根將糞澆一遍越數日再鋤再澆又鋤擊碎土塊修治方整視平地而高阜尺許通溝道週圍以泄水至春分後清明前將所培根本掘起敲去泥土並有些小細根雖無大根亦活於治地上相去七八寸栽一本每色隨意種多少餘者棄之便可用河水澆灌逐日侵晨如之直至莖葉鮮健方可用

河水對勻糞水十餘日澆一次

三擇本

穀雨後別選通風日無樹根草芽之地如前修治形欲高而溝欲深安排瓦盆在上無則用瓦四片箍成者亦妙以三分爲率留一分在上摻土將前所分苗本揀擇榦本盛大態度端莊者帶土掘起種盆内就於先所澆灌園泥培壅低盆口三寸庶可便於澆糞蓋菊所畏者水耳略被水淬則心瘁矣所用瓦者雨過水乾不致浸

漬兼上盆時去箍除尾移入盆内又不傷根且不洩氣着花愈久此法甚妙若貧家無此栽根地上週圍積土培之如培土高亦可泄水無恙但澆糞不悉入於根耳既種之後每株相近根邊插紅油小竹一根入土欲深以不動搖為度此竹乃菊之所倚藉以為生者将本榦縛竹其岐枝用繩牽拽亦於竹上縛定其縛者棕櫚葉晒乹分細用之亦奈風日竹不油亦用得但油者可辟菊虎故用之

四摘頭

分苗之後高至七八寸便摘去頭令生岐枝其初起一枝去頭之後必長三四枝其三四枝長尺許又摘去每枝又分長三四枝始以三枝言之第三次三三九枝欲要枝多再一摘無妨其枝繁雜未可删去多存以防菊牛所傷直至白露後酌量根本肥瘦可留幾枝餘者去之有宜花多者有宜花少者不可一槩論如綉芙蓉海棠春之類則以花多爲入格大抵多者不過三

十花少者十數花足矣古法遇九則摘初九十九二十九之類然亦不必拘拘于此

五掐眼

每枝逐葉上近榦處生出小眼一一掐去此眼不掐便生成附枝掐眼之時切須輕手蓋菊葉甚脆畧觸即墮矣

六剔蕋

菊至結蕋時每枝頂心上留一蕋餘則剔去如蕋細用針挑之其逐節間或比先掐眼不盡至

此時又復結蕋亦盡去之庶幾一枝之力盡歸扵一蕋所以開花尤大可徑四寸小者二三寸不下矣

七扦頭

梅雨時取河泥搓成大彈丸様将折下小附枝三四寸者插入泥丸内插訖埋土中日逐用水澆灌雖瘺甚五七日則鮮活盖根已生矣甚妙用泥丸者氣不洩而易活易長也亦依前法摘掐或止用一花則不摘頭任其亂生枝柯臨時

悉皆刪去之止留一榦一花其花甚大而榦甚低也

八惜花

花雖傲霜其實畏之一爲風所凌便非向者標致風雨尤然何况扵霜乎花蕋半開便可上盆移置軒窻通風日處每晨澆少水水不可多多則傷葉不若以小盞盛水放根邊用紙撚一條半縛根上半置水盞內水乹再添如此則根潤花滿而色正可得月餘賞翫否則扵根所結縛

涼棚上用竹簞蘆箔之類亦可以爲菊花延壽齡也

九護葉

養花易養葉難凡根有枯葉不可摘去摘去則氣洩其葉自下而上逐旋黄矣澆糞時慎勿令糞着葉一着隨便黄落矣欲葉清茂時以韭汁澆根妙

十灌溉

梅天但遇大雨一歇便澆些少冷糞以扶助之

否則無故自瘁君厭於澆糞用糞泥于根邊周圍堆壅半升雨再至泥自濕其功勝糞甚遠大且不壞葉造糞泥法先于六月内將碎泥攤場上晒乾澆潑濃糞再晒再潑如此三四次敲十分碎麄篩篩過收盛缸内不可着雨至此取用間或用糞水一二次六七月内不可用糞用則枝葉皆蛀每晨用河水澆灌若有撏雞鵞毛水停積作冷清或浸蚕沙清水時常澆之尤妙最忌酒糟塩滷直至立秋後逐旋用糞起初冷糞

一杓和水三杓越数日糞一杓水倍之又数日
糞水停匀乃止結蓓蕾後純用冷糞一二次

十一去蠹

害菊之物有五曰菊牛曰蚱蜢曰青蟲曰黑蚰
曰喜蛛是也蚱蜢青蟲食其葉黑蚰瘠其枝喜
蛛侵其腦頭惟菊牛一名菊虎形似楊牛而小
菊之大蠹也露未晞時停葉間此際可尋殺之
但飛極快遲不可爲也五六月内遶皮咬咂産
子在内變爲蟲則此一葉葉瘺而垂凡折去之

時必須扵損處更下一二寸庶免毒氣攻及一樹以其損處劈開必有一小黒頭青蟲當撚殺之蚱蜢青蟲皆當殺之如不欲害則拾取送他處可也黒蚰古法用油紙撚燈吹滅以烟熏死蚰死而枝傷不若用綿纒筋頭逐漸惹下手撚殺之喜蛛則逐葉舒去其絲又蚯蚓亦能傷根時用純糞潑之俟死即用河水解其酷烈不常用也至于蟻亦能傷菊一經蟻過則幹葉皆瘁故種菊最宜潔浄不得以腥羶近之至如掃雞

鶩水亦不必澆之恐其引蟻故也其地更宜絶其蟻種

十二抑揚

菊之本性有易高者醉西施之類是也有特低者紫芍藥之類是也高者抑之低者揚之抑之法頻摘頭比他本多一二次揚之法遲摘頭視他本少一二次庶無過不及之差

十三拾遺

黄碧單葉二種生於山野籬落堤岸之間宜若

無足取者然譜中諸菊皆以香色態度爲人愛好剪鋤移栽或至傷生而是花與之均賦一性均受一氣同有此名而能避迹山野保其自然有若士君子堅行操節隱處林壑不爲時世所奪故亦無羨于諸菊也予嘉其大意而收之又不敢雜置諸菊之中故特附録于此

十四品第

或問菊奚先曰先色與香而後有態曰然則色奚先曰黄黄者中之色昜曰黄中通理詩曰緑

衣黃裳土旺季月而菊以九日花金土之應相生而相得者也其次莫若白西方金氣之應菊以秋開則于氣爲有鍾焉紫爲白變而紅又紫之變也紫所以白之次而紅又紫之次云有色矣而後有香有香矣而後有態是其爲花之尤著也或又曰花以艷媚爲悅而子以態爲後歟曰吾嘗聞諸古人矣妍卉凡花爲小人而松竹蘭菊爲君子安有君子而以態爲悅歟至於具香與色而又有態是君子而有威儀也又嘗聞

昔之譜菊者每稱勝爲最勝故在也擬之金鶴翎非其所彷彿豈其無祖於古而屈隆于今耶或見愛之者衆而遑詭獻奇耶皆不可曉也班志有曰小說家流千三百八十三篇蓋出於稗官道塗之說也矧其事者必先利其器尋其波者必討其源吾嘗觀茶經竹譜尚言始末成一家之說況菊之所受又有不同焉老圃云菊有千種惟花碩豐麗千葉無心爲上尋之井見十之二三或因人所好名器不同實一色耳子曰

雖小道必有可觀者焉苟致遠而不泥庶幾近道矣

十五名號

金鶴翎 深黄色千葉

銀鶴翎 白色千葉

蜜鶴翎 蜜色千葉

紫鶴翎 淡紫色千葉

紅鶴翎 深紅色千葉

金芍藥 深黄色千葉

銀芍藥 白色千葉

金寳相 深黄色千葉

銀寳相 白色千葉

金西施 嫩黄色千葉

白西施 純白色千葉

病西施 萎黄色千葉

蜜西施　淡黃色千葉

錦西施　紅黃千葉

蠟瓣西施　黃蠟色千葉

蜜褐西施　重蜜褐色千葉

玉板西施　粉紅色千葉

銀紅西施　銀紅色千葉

二色西施　淡黃純白色千葉

陰陽西施　每花中分黃白色千葉

韃蠻西施　白色千葉

瑪瑙西施　紅白色千葉

黃牡丹　嫩黃色千葉

蜜牡丹　蜜色千葉

白牡丹　白色千葉

錦牡丹　紅黃色千葉

紫牡丹　豔紫色千葉

粉牡丹　粉紅色千葉

紅牡丹　大紅千葉

二色牡丹　大紅豔紫色千葉

紫剪絨 深紫千葉葉茸如剪

剪蘇桃 彷彿紫剪絨韻度似不侔矣

墨蘇桃 紫黑色千葉

紅蘇桃 重紅千葉葉茸如剪

白粉毬 淡粉色千葉

二色粉毬 粉紅淡紫二色千葉

紫粉毬 紫色千葉

粉萬管 粉紅千葉葉如管

射香毬 紅黃色千葉

紅綉毬 大紅千葉如毬

粉妲己 粉紅色千葉

紫妲己 紫花千葉

雀舌牡丹 花同雀舌葉似牡丹千葉

紫霞觴 紫色千葉

黃鶴頂 深黃色千葉

白鶴頂 白色千葉

檀香鶴頂 淡黃色千葉

瑪瑙鶴頂 紅黃色千葉

鶴頂紅　粉紅千葉中心深紅突出　紅心鶴頂　粉紅色千葉

粉紅鶴頂　粉紅色千葉　金絲鶴頂　粉紅色千葉中有黃紋

瑪瑙盤　紅黃色千葉　瑪瑙紅　淡紅色千葉

瑪瑙黃　紅黃色千葉　二色瑪瑙　粉紅淡黃二色千葉

粉玉盤　紅粉色千葉　瑤臺雪　千葉大白花

萬卷樓　粉紅千葉葉加卷　一捧雪　千葉大白花

賽瓊花　粉紅色千葉　玉薝蔔　粉紅色千葉

葵菊　粉紅色千葉　二色薝蔔　粉紅淡黃二色千葉

出爐銀　銀紅色千葉　水紅蓮　粉紅色千葉

二色芙蓉重粉淡黃二色千葉　蓾苩紅粉紅色千葉

白佛見笑白色千葉　嘉興秋牡丹粉紅色千葉

吳江秋牡丹粉紅色千葉　常熟秋牡丹粉紅色千葉

白鑾毬白色千葉如毬　粉鑾毬粉紅千葉如毬

大楊妃粉紅色千葉　二色楊妃重粉紅黃二色千葉

退姿白初開微紅後漸白色千葉　浦花粉紅色千葉花朵極大

紅玉蓮重粉色千葉　錦瑞香毬紅黃色千葉

金瑞香毬深黃色千葉　紫瑞香毬紫色千葉

散瓣瑞香紫色千葉　八寶瑞香毬粉紅色千葉

紅瑞香毬　深紅色千葉

白瑞香毬　白色千葉

西番蓮　白細色千葉

紅楊妃　淡紅色千葉

紫楊妃　紫色千葉

金褒姒　金黄色千葉

白褒姒　白色千葉

紫褒姒　紫色千葉

粉褒姒　粉紅色千葉

紫撓頭　粉紅色千葉

呂公袍　淡葱白色千葉

班鳩翎　紫蒼色如班鳩之翎千葉

王蓮環　白色千葉花開葉皆圓卷

瓆圞　大紅千葉邊周圍有黄色

闊板大紅毬　大紅千葉反葉成毬

細葉小紅毬　大紅千葉如毬

大紅獅子毬　大紅千葉每花有二三青蕋突起

黃四面　重黃千葉

錦四面　紅黃千葉

白四面　白色千葉

紫四面　深紫色千葉

樓子紅　大紅千葉黃心中又起數瓣

紫袍金帶　紫紅色千葉中有細黃心

洒金紅　深紅千葉葉開有黃點如洒

蜜蕚　蜜色千葉

導金蓮　深黃色千葉

通州紅　嬌紅千葉

紫雙飛　紫色千葉每花有二心

蜜探　蜜色千葉

金芙蓉　深黃千葉

錦芙蓉　紅黃千葉

紫芙蓉　淡色千葉

玉芙蓉　粉紅千葉

紅芙蓉　淡紅千葉

黃茶蘪　蜜色千葉

白茶蘼　白色千葉　　黃芍藥　重黃千葉
蜜芍藥　蜜色千葉　　白芍藥　白色千葉
紫芍藥　淡紫千葉　　金雀舌　重黃千葉葉尖如雀之舌
白雀舌　玉色千葉　　錦雀舌　紅黃色千葉
粉雀舌　粉紅千葉　　紫雀舌　淡紫色千葉
蜜雀舌　蜜色千葉　　相袍紅　深紅色千葉
銀硃紅　嬌紅千葉　　倚欄嬌　淡紫千葉花頭倒側如倚
赭袍黃　深黃千葉　　勝荷紅　粉紅千葉花如荷瓣
采石黃　淡黃千葉　　紫薔薇　淡紫色千葉小花

黃眉　嫩黃千葉

福州　艷紫千葉

鄧州白　千葉大白花

鄧州黃　淡黃千葉

蜜疊雪　蜜色千葉

白疊雪　白千葉

蓮肉紅　肉紅千葉

紅蛾嬌　紅色千葉

玉蛾嬌　粉紅千葉

粉蓮　粉紅千葉

海棠春　嬌紅千葉

佛座蓮　粉紅千葉

黃樓子　淡黃千葉葉起如樓子

茄菊　淡紫千葉

紫袍金甲　深紫單葉中心細管上作黃色

檀香毬　重蜜色千葉

白羅毬　白千葉如毬

蠟鎖口花似金瑣口黃大紅多葉葉週蠟色　金瑣口邊作黃色

黃木樨毬蜜色千葉如毬開花極後　白木樨毬白千葉

白羅傘白千葉葉下垂如繖　羅山錦紅黃千葉反葉成毬

羅山紫重紫千葉成毬　紫綬金章紅黃千葉

紫間金深黃重紫二色千葉　勝緋桃深紅千葉小花

萬管紅深紅千葉葉如管　剪金紅深紅千葉

紅剪絨淡紅千葉葉細背如剪　黃玉樓春淡黃千葉

白玉樓春白千葉　並頭紅重紅千葉

二色並金紅重紅二色千葉　通州黃重黃千葉

金蓮寶相 紅黃千葉
紅蓮寶相 嬌紅千葉
大金毬 深黃千葉如毬
御袍黃 重黃千葉
玉指甲 粉紅千葉
金剪絨 深黃葉葉茸如剪
蜜彩毬 蜜色千葉
水晶毬 初開微青後白千葉如毬
雞冠紫 深紫千葉
象牙毬 初開微紅後蒼白色千葉
銀紅雞冠 淡紅千葉
雞冠紅 深紅千葉
狀元紫 深紫千葉
金鳳毛 深黃千葉
銀紐絲 白色千葉
龍鬚黃 嫩黃千葉
鶯羽黃 嬌黃千葉
剪金黃 淡黃千葉如剪

勝紫衫 深紫千葉

傲霜黃 嫩黃千葉

荔枝丹 紅黃千葉

報君知 深黃千葉開于九日前

白雪團 白千葉小花

黃丁香 深黃千葉小花又名滿天星

黃萬管 嫩黃千葉葉如管

赤丁香 紅黃千葉

紫玉蓮 粉紅千葉小花

錦八寶 紅黃千葉

僧衣紅 淡黃紅千葉

錦玲瓏 紅黃千葉小花

五色梅 單葉小花花具五色

黃都勝 紅黃千葉花朶豐大

五月白 白花千葉一歲中開五月九月二度

狀元黃 深黃千葉

金紐絲 重黃千葉

賓州紅　淡紅千葉

粉剪毬　粉紅千葉葉茸如剪

茶菊　淡黄千葉

紫剪毬　淡紫千葉如粉色者

黄玉蓮　嫩黄多葉小花

相袍黄　淡黄多葉

錦荔枝　紅黄多葉中有黄心

金盞銀臺　四邊白色中心正黄千葉

甘菊　深黄多葉花極小

小金眼　深紅多葉中有黄心

大金錢　深黄多葉小花

銀茉莉　單葉小白花

冬菊　深黄多葉開以十月

白冬菊　多葉小白花

黄鸞裘　嬌黄千葉

菊譜上卷終

菊譜卷之下

吳郡五嶽山人黃省曾著
嘉禾梅墟道人周履靖校

一之貯土

凡藝菊擇肥地一方冬至之後以純糞瀼之候凍而乾取其土之浮鬆者置之場地之上再糞之收水之後乃收之於室中春分之後出而曬之日數次翻之去其虫蟻及其草梗草梗不去則蒸而腐焉是生紅蟲生土蠶生蚯蚓爲菊之

害土淨矣乃善藏之以待登盆之需登盆也俱用此土又以待加盆之需菊之登于盆也或遭三日以上之雨土實而根露則以土加而覆之一則蔽日之曝不枯其根一則收雨之澤不爛其根

二之留種

冬初而菊殘也一衰即并英葉而去其上莖其榦留五六寸焉或附於盆或出於盆埋之圃之陽鬆土之内臘之月必濃糞澆之以數次菊之

性而耐於寒，故土糞多則煖而不寒，可以壯菊本，可以禦隆寒，可以潤澤而不至於枯燥。

三之分秧

春分之後，是分菊秧。根多鬚而土中之莖黃白色者，謂之老；鬚少而純白者，謂之嫩。老可分，嫩不可分。分之於新鋤之鬆地，不宜太肥，肥則籠菊頭而不能長發。天之陰可分，有日分之則枯乾而難活。種之，其宿土也盡去，否則恐有蟲子之害。既秧於土矣，以越席架而覆之，毋令經日經日則難醒每日晨灌之晚灌之天之陰不可傷於水秧心發芽矣可去其覆席先用半糞之水復用肥水灌之葉上不可以沾糞沾之則葉枯用河之水則純河之水用井之水則純井之水不可雜焉

四之登盆

立夏之候菊苗成矣可五六寸許是爲上盆之期將上盆也數日不可以澆灌使苗受勞而堅老則在盆可以耐日其起秧苗也掘根之土必

廣而大少則露根而傷其本用臘前所瀼之土壅之其灌也視陰晴而爲增損使土壯而入根服盆而生葉則用肥水灌之久雨加臘土以浥之其種也根深則不耐水淺不耐日隨土而稍深何也菊之根其生也向上故常覆土爲加

五之理緝

菊之尺許矣是宜理緝欲長也則去其旁枝欲短也則去其正枝花之朵視其種之大小而存之大者四五蘂焉次者七八蘂焉又次十餘蘂

焉小者二十餘蘂焉惟甘菊寒菊獨梗而有千花不可去也

六之護養

菊稍長也竹而縛之毋令風之得搖雨之久也直出水盆内亦然菊傷之蟻多也則以鼈甲置於傍蟻必集焉移之遠所夏至之前後有蟲焉黑色而硬殼其名曰菊虎晴暖而飛出不出於巳午未之三時宜候而除之菊之爲菊虎所傷也傷之處仍手微摘之磨去其牙蟲毒可以免

秋後之生蟲如虎之多也必多栽易壯盛之菊於圃之周菊有香焉蟻上而糞之則生蟲蟲長而蟻又食之則菊籠頭而不長其蟲之狀如白虱以棕線作帚而刷之扇以承之揮之於遠所秋後而不見蟲也宜認糞跡是有象幹之蟲其色與幹無殊也生於葉底上半月在於葉根之上幹下半月在於葉根之下幹或破幹取之以紙撚縛之常以水而潤其紙條花乃無恙或用鐵線磨爲邪鋒之小刃上半月於蛀眼向上而

搜蟲下半月在蛀眼向下而搜蟲有菊牛馬沿之則蔞種臺葱則可以辟麻雀愛取菊之葉而爲巢取之則蔞四之月雀乃爲巢時宜慎也

治菊月令

正月

立春數日将隔年酵過肥鬆淨土用濃糞再酵二三次令深二尺以伺分種之需若舊種在盆或舊地切不可移動仍用草温護老本斯秧發早而壯大

二月

二月初旬冰雪消泮此時除去舊護穰草春分後仍將前醉之地倒鬆再用大糞醉之擇新長可分菊秧逐莖分開相去六七寸蒔一根每早汲河水澆活以待再種但奇異者必發苗少務在培植一法用朽木一塊每月凡遇修埋之際取修下頭梗將木鑽孔用梗遷入孔中木上薄加肥土木下透梗少許漂浮水鉠中待其根生搬種地上緝理長成庶不斷種

三月

谷雨前數日擇前秧長壯正直者搬種築酵熟所植之地比平地高尺許相去尺餘掘穴一枚每穴加糞一杓搪掗如法方可搬秧植之四圍餘土鋤爬壅根高如饅頭樣令易瀉水周圍必留深溝洩水但雨過不拘何月務將積溝之水跡通流別處不分在地在盆即以酵熟乹土壅根如久雨盆植者可移置簷下或用篾箍罨作盆埋地令一半入土內一半露土上使地氣相

接水不停積先將肥土倒鬆填二三分于盆加
濃糞一杓後搬菊秧植之再將前土填滿亦壅
如饅頭樣又一法將肥鬆之土用細篩篩静入
甑用水燒蒸二三沸取起倒出晒乾入盆植菊
能殺蟲無侵蝕之患其秧搬時每株根邊必帶
故土周方二寸使其不知遷動或用樹葉或碎
瓦盖其根土以防雨濺泥污青葉若失盖俟雨
歇移水至菊旁將菊葉洗去泥滓此法尤妙各
月如之能遵此法則菊自頂至根青葉暢茂不

至枯槁每遇澆灌瓦蓋者可除去澆過仍蓋之新種後必間日早用河水和糞澆之又用搭棚遮蔽日色以度其生遇雨露揭去但日晴燥不蓋之自始至秋皆依前法

四月

小滿前後菊嫩頭上多生小蜘蛛每早起尋殺之又生一種曰菊牛日未出時慣咬菊頭其頭日盛卽垂視其咬處懸十許必搯去無害遲則中生蛀虫雖至秋結蓋若遇大風雨必折菊牛

其狀如蠅背甲堅而黑亦須尋殺之又有一等細蟻侵蛀菊本用洗過鮮魚水洒于葉間或浇土上則除如不斷仍須早起尋殺爲良菊長尺四五寸每株用堅直小籬竹近插菊根以軟莎草寬縛使菊本正直不至屈曲隔數日視菊大小可掐去毋頭令其分長子頭擇高大者先去瘦短者隔幾日去之每本止留四五頭多至六七頭以防損折如理寒菊必須頭多用篾作箍圍定則秋深團圞如盖可愛若用過接必在此

時用菴蘽草或雜菊摘去嫩頭擇奇菊亦摘頭将二頭以刀斜批視相合卽用鵞毛管或薄蘆管管在所接之處莫令寬動外用泥密閉管口兩頭或紙條縛定置于陰處數日視有生意輕輕用刀撿去其管每一本接得四五色又一法曰過枝預於種植之際将菊如水車二柱并周圍簷柱様種之至此月除脊菊中間正枝不動将脊菊東南枝交過簷菊亦将東南簷菊順枝扯來交過将二枝刀撿膚肉各去半邊用綿紙

條縶纏引水常潤仍用搭棚蔽日遇雨露除之視雨枝交合生意已成然後將脊菊之頭簷菊之梗相連處用刀撿斷遂成一本惟梅雨中可活餘必無生意

五月

五月夏至前用濃糞七分河水三分澆之夏至後照前法再去頭止留五六枝爲正若枝繁者多留一二以防損折每早澆灌止用燖雞鵞毛湯并繰絲湯盛缸中作腐者取其清水或洗鮮

魚或菜餅屑水取其清冷者灌之不可犯酒醋幷塩物觸之菊最畏梅雨此月尤宜顧盼

六月

六月大暑中每早止用清河水澆隔三四日以鵞毛冷湯輪灌若土間生蚯蚓土蚕等看去根遠近掘出殺之近根難滅者用糞灌之必欲促死蟲斷仍用河水連澆數日大抵此月天熱土燥不可用糞糞多則頭籠青葉皆消泛如蠟板水晶盆金銀鶴翎芍藥之類尤不宜多用餘菊

不妨

七月

七月初旬有等蚕様青虫與葉一色善食葉亦用早起尋殺之若被傷枝葉難爲觀賞立秋之後三五日不論其枝長短並不可損但枝有參差者將長枝以大針戳眼拔去針卽將細篾絲一段插入眼内拴住待短者長齊然後取去篾絲使並長也菊之全本亦有參差高大者不用糞澆瘦短者用水和糞澆之促長以成行列用

糞之法各有次序第一次糞二分河水八分越半旬第二次糞三分河水七分再越半旬第三次用糞五分河水五分又越半旬第四次糞七河水三分第五次全用糞瘦者多澆茂者少用若太過必使蕋頭籠閉青葉愈盛開花反小

八月

八月間多有狂風驟雨每本再揀堅直籬竹挪定用莎草從根縶縛二三節勿令搖動傷殘白露後發生蓓蕾蕋頭將綻大枝上擇大蕋留一

枝餘皆删去弗可多留多則開花微薄菊蕋嫩
脆選時必須以左手雙指穩梗然後以右手指
甲稲蕋否則連頭剔落遂爲無用既結蕋隔二
三日常用濃糞澆灌則花大色艶甚至變有二
色者

九月

九月蕋綻將開之際必須預搭陰厰遮蔽風霜庶
花開悠久色不衰褪如小開亦不可將本移動
漏洩真氣花開間有不足者磨硫黄水澆根經

夜即發屢試巳驗遇有異色而自巳無者但巳覔得不可直種将來横種地上認記根頭用肥土壓枝經月視根生以刀斷梗則根枝兩生種可多得其原本再加肥土薄薄壅之不可過多多則根深難發矣

十月

十月上旬菊花巳殘将掤縛杇竹撤去好者貯備來年之用本上枯花小枝並折去止留老榦尺許勿使折遲以被風摇本根傷殘苗裔此時

悉用亂穰草盖護以禦霜雪冰凍每本置竹牌一片寫號掛之或寫竹牌插根旁記之來春分種庶不淆亂也

十一月

十一月中旬未凍之時擇高阜净地倒鬆深二尺許揀去瓦礫木石用糞三四次醇肥緣菊最喜新土怕宿土必須一年一換盆中亦然否則春間雖活經梅雨必死醇完用舊藁薦或亂穰草盖地免致冰凍難鋤減糞肥力有悞來年種

植之用

十二月

十二月初旬看菊本盖少處再加厚護以蔽霜雪及天日和暖用糞榶掗菊本四邊莫令着根春氣發揚苗則群然盛長矣一法臘月内掘地埋缸積濃糞上盖板填土窖錮至春查滓俱化土存清水名爲金糞五六月間菊爲雨揉黄萎用此糞澆之足以囘生且開花肥澤甚妙

菊譜下卷終

菊譜

（清）葉天培 撰

《菊譜》（又題『葉梅夫菊譜』），（清）葉天培撰。葉天培，字蒼植，號梅夫，大約生活於清乾隆時期，六安人。喜種菊，藝菊數十年，於栽培之法，頗有創見，於乾隆丙申（一七七六）撰成《葉梅夫菊譜》。

該書分爲上下卷，書前有自序，稱其『平生嗜花成癡』，每年親自栽植菊花一千多株，所培育的菊花不下數萬。全書對菊花評價極高，分别講述其培根、蓄籽、擇地、换土、布子，開畦、栽苗、分芽、分枝、删繁、培土、護葉、扶幹、繫綫、灌水、培肥、扦插、留蕊、捕蟲、救種、便移、遮篷、登盆、盆植、編籬、列屏、插瓶等二十九目技藝之法，内容詳盡切實。書中共計列出各種名貴菊花一百四十五種，均不見於舊譜。

該書初刊於清乾隆四十一年（一七七六），國家圖書館、安徽省圖書館均有收藏。今據清乾隆四十一年刻本影印。

（何彦超　惠富平）

自序

余平生嗜花成癖無論名花野卉一花一葉一香一色一瓣一鬚細諦觀之皆含天趣因悟化工之巧不可思議菊在花中其最著者

菊之品傲骨凌霜叢然自逸菊之色奇而正艷而不妖菊之味清芬郁烈氣別酸甜前人備序而賦之矣而猶未盡菊之变態也宅後荒園半畝每

歲手植千餘本為秋冬之交燦然滿徑其種類形狀多有未經見者人每詫菊之於余殆有神助而不知余之於菊蓋有獨領之趣焉憶自藝菊以來數十

載芒鞋竹笠日從事於疏籬野圃中其間審氣候別雨暘調燥濕體性情相時之宜因地之利與夫得心應手之妙神為契而口弗能言惟方子養菊得

余三昧惜不能邀延壽亦爲制頽齡至其嗣子慎栖及許子蒼恢王叟奏平情子辛谷程子廷罇張生體元余子抱潔王子豈九洪子德明任子香雲宗子笠

葯江子石思亦頗稱同嗜而風雅蔭把酒持螯相視莫逆殆未可爲外人道者蓂齋無事梓軸余懷聊書數則以諸好事未知世之同嗜者且以爲何如也

乾隆丙申九秋槑夫葉天培識

培根

種之佳者冬日取本根於爽塏處培之勿傷水濕時近太陽

蓄子

子如茱萸子收仲冬後乃老以手挼取蕊而度花或移黨仁多不實嚴寒凍爛花頭亦不實惟栽盆中留初開一二頭置暖處使氣足仁堅晒乾收貯來春可種

擇地

宜彩壟宜高阜宜曲巷宜疎籬向東向南隨其所便北恐氣陰西防日烈

換土

土須一年一換若用原土則枝枯葉黃取佳種亦減色須預挑河泥晒乾杵碎備用切忌陰溝濺泥藏生青蚓害根匯淺如已生蚓用溺灌之或苦參皂角水亦可驅除

布子

春初鋤土務鬆撒子埽匀

恰雨固妙，晏晴燥，噴以清水。吐芽分莢時，培護最宜加意，防土蠶、青蛚侵蝕。

開畦

畦高數寸，菊種兩行，中開淺溝，兩頭壅土，旱則蓄水潤根，澇則開缺滲洩。

栽苗

苗長寸餘，晴時連土移栽，較分根易爲力，亦且變態百出，愈出愈奇。

分芽

附根嫩芽，取其肥澤。根少者，二月晴時分栽，將土搓實，繳水以定其根，水多則爛。

分枝

枝長二三寸，將正頭掐去，葉間即生旁枝，約留三五，叁差隨意。

刪繁

枝分已定，葉間怒生小芽，隨生隨去，近正頭處或留一二，待補蟲傷。

培土

儲乾土以備用暴雨水沖致根露者以乾土覆之恐日連陰白根浮於地上撒以乾土既以水濕又可助長新苗

護葉

葉背泥漬即匡殺有因碎

亂龍鬚糠螺殼豬毛及稻草剪作叢衣置根下者法俱可行草葉之匡殺者其蒂勿摘去葉間必生新芽加意護持較老葉愈翠根旁小草勿鋤借草襯簟亦

護葉簡便法

扶稌

枝長五六寸許扶以竹竹須直更宜高出枝上以便挨次扶紮花時去下截之朽者播矮花下不令竹梢刺目

繫線

扶稌之竹析棕而繫棕須長扣結須活花漸高則漸加繫漸以根下之棕挨移枝上不惟省棕亦宜取便用麻亦可久恐朽爛傾折花枝

灌水

塘水最宜土乾則灌灌則必透灌宜早涼宜深夜甚不宜頻夏秋之交不可斷將花時更不可缺入盆時又不宜過多

培肥

冬取大糞醞釀壹苗纖弱用水對破不時澆壅炎暑不宜助長白露後由清而濃頻澆毋間

扦插

雨中剪旁枝帶梗扦陰處以指捺土使不動搖日遮夜露視枝葉堅起移栽枝粗不大而花葉較佳

留蕊

八月結蕊每枝正頭留一餘摘去近正頭一處酌留旁蕊一二正頭誤損用以補之否則不損有花有蕊亦覺生動

捕蟲

蟲類不一苗初長有黑一蠹齧枝並葉入土者視入處掘

土去之有蟲孕葉之夾層
叢蝕初葉上葉迴白綫如
綿延者以針挑去之交秋有青
蟲葉底結網又有象蘇蟲
貼於枝上食葉初根下有糞
如蠶蛾形處循枝覓葉捕去之

有黑殼蟲腹如螢尾後有鉗
曰菊虎未出甚速須於午前當
心捕捉蟲枝已被齧可於咬處
摘去寸餘有蛀蟲乃菊虎於
齧處遺子所生可揑摘處劈
開覓殺之有食心之蟲曰螟

食節之蟲曰賊初蘇上有孔
孔中有末以鐵絲插入孔內上
半月向上下半月向下剔去之
有蟲曰黑蚰綿延枝上以麻
裹著頭剪齊輕刷之或以
指濺水輕洗之無放枝葉燋

悴根下必有蛐蟮急掘土去
之有黃蚰蹟細不可見察
布葉後枝可枯殺治法頗
多終歸無用不若竟去
其頭俾另生旁枝有食
花之蟲形如土蟄藏土中

夜出噬損花蘂燒燈捕之
宜可惡者惟瓦雀二三月
至六七月取葉作窠凡嫩
葉柔枝恣行蹂躪百法驅
除終不能去如好事者別具
良圖襄余不逮

救種

霪雨久浸致爛根頭枝葉
即萎隨拔起剪去爛鬚
另栽平潤土內或蠐螬嚙傷
正幹根下無芽即將萎枝
橫埋陰處節中復生小芽

俱可存種

便移

擬移盆玩用瓦三塊攏合豎
埋畦中剪栽瓦內開時連瓦
入盆不致土潰傷根

遮篷

篷須高高乃透風須活活
便卷舒如意日烈則遮平
時則卷使受細雨和風輕霜
滲日又須水分二面不使點滴
淋花風狂雨驟用堅竹綁定
花枝另懸片簾旁遮以御

斜侵

登盆

和瓦入盆已具前説瓦外用乾土週圍塡實微灌清水高低反側隨其意趣畧爲剪紮務令生動置之廠亭

透風是宜

盆植

春間盆中先以白蘞苦參等藥繞眼鋪平盆底中加龍石糠指許上實細土栽芽稍出澆水不致傷根剪紮較

便澆灌宜勤

編籬

編竹爲籬結籬種菊一任枝之横穿斜插縱披錯彩亦屬雅觀

列廠

交木作骨爲廠内懸竹簡注水外糊素紙平匀將花穿紙入簡用細銅絲穿紙繫枝高低反正因花取致別趣天然

插瓶

瓶不厭多款不宜複花不可雜設不可重每插一瓶花須一色此瓶業已自然或與他瓶意設相仿不妨添小蕊以破之去旁枝以別之蓋選取好枝須於雜下剪裁瓶大花大

瓶小花小時插採入信手修宜或以鐵絲繞揉損其天趣乎素不取然雅逸之士點綴數枝作案頭清供一二瓶足矣至於瓶之新舊原不必拘柴汝哥定固佳田二家亂盃亦可插以樣式別致為主

位置

款設咸宜置之不得其所則褻必須粉牆素壁淨几明窗大小方圓各几俱備疏密高下映帶有情庭素燒燈

顧影婆娑迷離妝之雜下別饒風韻

命名

名之取義因乎形色實不相符名以立陶之九華不知何者為是王劉花史譜

中如緋細大笑芽類摹形搨色頗費精思至有黃西施蜜蠟西施者詞義不屬又不雅馴乎於諸譜所載之種一種不列所命之名一名不忝種植以來所出種類不下數萬選其尤者定以嘉名繫以小讚尚恨不得鄭侍郎小山名筆一爲寫生補入秘苑珠林終虞淹沒耳

黃類

銅雀騰輝

色正黃管弱蕊修參差珠落生動欲飛長如銅雀每鳴五穀豐登鳥鳴可兆年豐花開亦應人壽用冠斯譜恰稱延齡

大士座

色正黃粗管未放前瓣上翹儼如觀自在座下蓮台金光疊疊我歎合十花前乞取淨瓶甘露遍灑羅頭再求其變化上云方一時鬚秀

金鳳銜珠

色黃管通動錯出未開長口口

内如露珠金翅蹁躚珠光圓潤將毋墮地呈祥莫錯認庭中

競粧

雛鶯刷羽

色嫩黄管細長上環微毛茸茸絲條條不紊花蕊金衣初試毛羽未豐學語如簧引喉尚稚晴梢倦息栖棲如如

鵝兒初浴

色嫩黄管末寬瓣內捲瓣外容剌如毛盤花潤膩花蕊曲項新雛清波濯泳倘逢逸少肯寫黄庭一任籠之而去

佛手拈花

色黄頭俛長管乱屈花外而越一二寬瓣世有迦葉一見此花也應微笑

蓮座堆金

色深黄管末匙瓣雀起層疊光流如入祇園目炫如來寶座湧芬長者地布黄金

黄鶴舒金

色黄管瓣相錯間出長瓣越於花外翩翩欲飛每醉東籬遐思楚嶠層樓便擬騎之仙去

金笄

色黄金絲扭結屈管盤於十五鴉鬟和上頭插此一枝覺副六珈

而多事

金如意

色黄粗管攢結濶扁不圓莫為

折贈感秋人恐一枝在手必尔误

擊唾壺

金烏

色黄管根帶黑末放寬瓣邊

暈圓金自足結陽之精出於

重陽之後

紫金盞

色正黄粗管末放寬瓣起起内

抱如盂此種形模性賜紫高僧

得以副衣待法彼沿门乞食者

未許輕折

金盤桂蕊

色黄肉短管上竪外長瓣平

鋪似聚星〻金粟碎簇金盤

露白風清環〻天香飄馥

金鳳破斜陽

色金黄管瓣錯出背暈微

紅却疑宴罷瑤池晚霞西飛

逐伴青鸞翱翥閃灼飛来

鵬翅搖金

色黄而管齊出儼然怒翅舒性

鵬雲翼垂天究未解作何形状究

謂此花似之言大而誇姑存鑒

家品目

忽雷駮

色黄勁管硬瓣凌厲騰空勢如
秦丹寶坐下黄驃不可羈勒

丹爐吐焰

色黄帶紅管瓣相間管肉赤
焰炎炎飛光眩目儼若龍虎
鼎中九轉將成之候

金蝶雙飛

色黄管少瓣多花多並蒂
宛若雙蝶栩栩飛邊誤拍輕
紈從損卻金衣數片

烏弋金獅

色黄而光管粗而勁銭銭錯出
根根下垂儼似銅頭被彫斗尾拖
金風勁枝猶倚俱猙獰野攫

之勢

金塔插天浮

色黄管瓣相間層疊疎硬上
銳下平恍如浮屠插天金光四射
每醉東籬一似神遊真臘

寒潭秋月

色嫩黄暈碧純瓣平匀
中心深黄有如皓魄當空澄
波不動秋江獨立靜影沉沉
捉此花光令我悠然神往

鷹爪舒張

色赭黄粗管亂屈末開尖爪如
健隼盤空騰野欲搏而後縱
鞲在臂放獵平原

金絡索

色黃近紅管長細微皺末闊兜耳的的斜釣醉眼朦朧錯認聯環金縷風穿籬隙如聞細響琅琅

金鏷甲

色深黃初放粗管闊足純

瓣銀缸晚映熠燿光生倘繞徑圍籬編栽此種似減營闊細柳兵衛森嚴

金蓮葉

色正黃瓣寬長瓣瓣紛披合紋抱光自然秋意觸目悲興志士正不必颼颼夜雨時也

黃鵠高騫

色黃管少瓣多枝高花大傲骨凌霜俯視一切有一舉千里之勢

金輪

色黃單管齊頭條條勁直如夜嘗三五兔魄初肥圓滿晴空

抱雲旋轉

金針

色黃單管尖鋒條條瘦硬疑花神是針神化身繡羅鴛鴦不把纖纖度與圖心攢簇都非世間女手能拈

金蓮倒掛

色深黃管末展口如蓮佛前
長明燈宜用此花為瓔珞纏
勝百寶流蘇

金雀

色黃瓣稀間出粗管〻内吐穎
如吻上鈎霜清九月雀正披綿
花前把酒持螯未免垂涎美鮓

虎珀玦

色黃暈赤粗管圓齊光瑩
透背近根處疑有三千年松
脂團結薰蒸寶氣爍此奇
光

金蘭

色黃如葉子金剪成蘭瓣外簇

聚成花貯以磁手卷以綺石不
減輞川逸趣

金蘭契

色黃帶赤瓣疎而大管短而
細交錯有倫取友者當作如是
觀

鏤金華蓋

色絳黃細管内短外長其狀
團圞其光燁燦其交瓣處邊
漏如鏤用霞如來七寶莊嚴
法座映帶纓絡幢幡庶為
宜稱

柳線垂金

色黃管細如絲繞〻下垂前人

嫩柳綫黄半未勻之句似為此
花寫生
秋葵向日
色正黄花近尺許大瓣密攢
韓冬郎黄葵賦云色配中央
心傾太陽如此平正圓勻金光
奪目亦復不愧斯言
〈上卷〉 二九
水仙映月
色嫩黄白長管周外手鋪黄
短管簇内上豎山谷詩云凌波
仙子生塵襪波上盈盈步秋月
可以移贈此花
黄鶴迴風
色蒼管粗末放長瓣於摶飛

翔崔顥詩云黄鶴一去不復返
而此花偏作迴風之勢悠悠千
載可無庸悵望白雲
金盤承露
色黄單管管末放寬瓣上起
瓣中凸起如凝露一自銅仙辭
漢掌綫金莖得此擎空一枝
〈上卷〉 三十
雲霄可擷曉起就花罄吸
清沁詩脾
木樨黄金綫
色黄管管足絲絲密簇倩
誰移此種向羅小墳頭吾識
芳魂花落花開不復產歌
此曲

金鳳鈎

色黄管末如鳳味斜鈎彎環

抱心瓣粗圓黄嘗見簡條裙

底微露雙尖鳳頭翹起蓮步

輕移不羨宵娘屈曲作新月

狀

緑額

公鳳

色白帶碧稍管平圓管末銀

鈎斜轉管外素綫茸、似此

迷離清影宛然倒掛孫毛氣

味芬芳可減沉水濃燒香如細

瓣

碧天銀鳳

色淺碧管攢簇條直整齊恍

然玉宇無塵纖雲不翳素羽

翩、降自銀河

青鸞

色碧粗管末放圓瓣玉光皎潔

翠翩翩、欣逢盛世安寧花

六致珍禽獻瑞

碧玉鈿

色白暈碧管細光徐末開尖
口黃心凸起非珠非翠疑如玉鈿
解事佳人取而簪歸壽陽梅
花粧不得當美於前

青玉案

色碧管粗光徐末放圓辦內抱
如碗倘教舉以齊眉雕璞鏤瓊
恐任春庭下人無此寶器

天水碧

色深粗管攢抱漸開漸白宋南
渡宮人服色一時競尚此種不書
此種花色乃於數百年後翻舊而

新

碧玉甌

色碧管粗環口內抱光同玉潔
辦若銀是試取此而飲器雅趣
豈不讓鄭公碧筩盃

碧雲天

色碧辦寬潔淨圓明深心微露

黃花遍地忽開成碧雲滿天
倘教折取贈行人恐觸西風壯
雁又惹出無限離情

水天一色

色淺碧粗管晶瑩纖辦波皺
恍如坐從空際俯仰水天上下
一碧

白額

玉搔頭

色白管粗瓣伸不一管末展口微
彎疑是漢武李夫人遺簪墮
地幻此通明賦涵之資試取荊
釵合簪髻應大有雅稱

素娥

色白暈黃素影晶瑩依稀廣
寒仙子披霓裳羽衣玉立亭
亭倚鉛塵墻之外

白鳳梳翎

色白粗管瓣岸末開鳳頭有
條有理疑從楊子雲夢中吐
出栖上東籬整翮修翎不令

太玄腹中墨汁污我素衣

晴空月暈

白暈管週圍平鋪黃短管亦
至凸起如秋宵皚魄素暈一
圍見此花形應防風信

雪塔

色白硬瓣累玉堆瓊上銳下
平高約三寸許猶記湖山雪後
過段家橋望雷峰浮屠如玉
笋亭亭鶴立雲表

越裳白雉

色白初出粗管漸放長瓣參
差修尾氄揚縞衣鮮潔似是
異域珍禽又見林航來献

氷盤桂蕊

色白粗管平圓中心黄管攢簇誰把星星金粟細摘盈盤定是素娥將貽青女

氷盤托雪

色白長瓣齊出如盤中心短管攢簇氷魂雪魄幻出冷豔寒香入溪如花花亦不禁和盤托出採來於紅塵熱不服此清凉

玉樓人醉

色白密管攢簇漸放齊頭寸瓣瓣邊碎剪茸茸上浮紅暈恍如二八女郎花間宴集罷

頰微酡無限風情消魂欲絶

銀卮覆玉盤

色白單管平圓中心短管攏抱形如反坫此種宴罷性宜注瓊漿斟玉醴否則梅花釀竹葉春捧觴者宜弦姬手倩觴者宜雪兒歌擧觴者宜宗之白眼望天一輩人物

玉鏡

色白細管平匀晶瑩不鑿如此花品配以温家鏡臺不稱合璧

氷盤

色白單管平圓管末匙瓣肉

鈎琢冰瓦盤方斯雅潔微嫌
質亦如冰不能受日

月魄
色白粗管平圓中含黃暈
古云明月惱人又云相思共明
月玩此花光便覺五柳先生
去人未遠

粉蝶兒
色白浮膩管粗翎下芽間出
寬瓣舞跂蹁躚隨風欲活未
識滕王寫影曾向陶令以籬邊
一倫粉本否

鷺羽襬褷
色白管少瓣多朵綫離披甚
你手標子拳之芳洲蘋末風
來不勝涼吹

鷺羽凝霜
色白寬瓣平鋪邊如剪刀碎
剪形似寒江屬玉以翼闔頸
擒首酣眠不知霜花之覆體

緱鶴瑤笙

色白翎管錯出攢抱如笙淡
月珠離微風幽徑翩翩素羽
隱隱清音子喬在焉呼之欲出

倒捲銀鸞尾
色白玉光皎然粗管末放尖瓣
紛披倒捲如此花狀須記飛瓊
董雙成一輩人被五銖衣憑虛

縣控頂霜翎雪羽共霧鬟
風鬟映帶迴環如廣寒宮扇

銀針

色白管細如針密、向花心攢簇
吾鄉茗莽以此種爲絕品茗細
搽纖瓣淪以名泉勝芽小峴春
芽

老君眉

色白單管彎環皓然飄拂每
來雜下便覺道氣逼人僊風
可挹

鶴舞霜天

色白粗管圓綻未放寬瓣皜潔
無塵矣然氣肅秋高風清月

冷靜玩船仙獨舞不須三弄
瑤琴

銀漢水

色白粗管雪亮花紋波皺活
潑光流靜玩移時幾欲乘博
望槎一問天孫還剩有支機石
否

玉拳

色白粗管任垂雪縷霜條屈
曲疊累如握拳鈎弋不足道漢
武悲閒展無時

玉蕊

色白根管末瓣梗細花輕素
羽迎風而騰搖曳倘非步虛飛

昇空足授悰入夢

玉兔

色白管粗細錯出末展兔耳
肥膩如脂故前詩云迎霜秋兔
美似乃此花咏之

玉輪

色白粗管圓齊邨疑青如雲

粉裝轂碾霜周圍盡白

璇璣

色灰白管末闊瓣卷轉盤旋
縱橫不定始睇花神匠心之
巧前身蕤若蘭後身冲和
子

漁翁雪笠

色白碎管團簇結頂輭瓣披
垂圍邊形如箬笠六出花堆
一枝斜倚珠簾卷笑獨釣寒
江翁貞眉不露但見白影團空

日魂

色白管硬外長管齊頭平鋪
內短管末開乃出上浮紅暈

恍似紅日出自空水底光芒映
射

冰輪碾雪

色白粗管晶瑩末闊六出有如
歡來乃輪排轉於霙花之上
素影旋空通體透亮

淡白梨花面

色白淡紅瓣多管少鬆膩鮮潔儼若二八女郎粉施素面所謂常從流灑生肌脆不假胭脂上臉紅者是也

粉紅類

飛燕新粧

色嫩紅管瓣稀踈容嬌體瘦纖便輕細若不勝情風動枝頭彷彿掌中翔舞

酣太真

色微紅管瓣相間體態豐艷膩潤多姿絕似肥婢當年酡顏殘粧於帝前不能再拜時光景

杏臉

色淡紅細管平勻赤開斜口嬌媚可人不期冷落秋容偏露閑紅春意踈籬斜出鬆如隣女

窺墻

桃腮

色淡紅初管後瓣疊繁多脂瓣尖微滲深紅一點此種疑是陶守從武陵源分出被洞口花光薰染紅媚嫣然

皺縠娬媚

色粉紅初管剛健中偏含婀娜每讀十漸疏令人作此花想

紅袖鸞綃玉笋長

長管碟萼管根粉紅管末淡白未放尖瓣美人舞罷柘枝腰肢微困裊擡玉腕捲袂欠伸

玉指調脂

色淡紅粗管管末放鮮紅尖瓣勻粧玉指未浣薔薇美在藏掐種郎便尔紅生一捻

摻摻玉手

色粉紅粗管虬屈抱心未放瓣如指恍悟花神現身一露

剪裁之妙

醉紅粧

色紅粗管錯出管分表裏裏白表紅蕊醉微赬似此花態自應銀燭高燒莫教夜深睡去

出水芙蕖

色紅根管末瓣〻末壯擬蓮鈎

色相天然絶去雕飾

赤龍怒鬣

色殷紅粗管齊頭彎如角引朗

如珀簪根〻動硬向背怒生錢唐

君叱咤破陣時有此氣槩

楊妃新浴

色嫩紅管瓣相間脂粂粉潤如

霖無異曉露嫩含時不知三郎

又賽黃金綫飾

海棠着露

色水紅蒂深紅管末放瓣次如

膩光流溶〻欲滴真是美如恢

人不至任郎洒淚時情態

下卷　廿五

麻姑爪

色淡紅管長數寸踈落不多

末放尖瓣如指甲玉笋輕搔正

着余心癢處

出牆紅杏

色淡紅初管末放寬瓣枝扉高

秀挺踈羅嫣然着雨轉憶江

南二月野店青帘

貴妃藕霞

色嫩白上深紅光根管末瓣肥

膩彩鮮花多並蒂明皇戲

語太真云貴妃錦袴襪上真是

並頭蓮花也謂此中霞有白藕

耳今見此花似可摹想

下卷　廿六

霞帔

色微紅長管披垂未開匙瓣飛越飄颻霞光射目姿容鮮濃裁剪精工堪作姮娥之飾

藐姑仙

外長管光浮紅暈內短管口開五出爪子綽約冰雪肌膚飄然雜下如遇白石丈人

瑪瑙盤

色殷紅一花數管、粗於箸跦硬平圓光瑩透背杜詩云內府殷紅瑪瑙盤似為此花咏之

紅類

丹山赤鳳

色正紅勁管平圓末開鳳翎長吻跦雜逸品幻為阿閣仙翁絳羽迴風軒軒霞舉似此來儀有象將毋瑞應花王

火榴初裂

內正紅外丹黃管瓣攢抱色艷光浮日烘裂萼紅紫尖兩邊條條縷縷噴烟此熱之炙也花神上歟使石家阿醋分取冷淡秋光一洗趨炎面孔

赤兔

色赤紅外管長內管碎間開數

瓣紐颺千秋禘驪約此花光絳
鬣丹縈猶作電掣風馳々
勢

赤城霞
色正紅背赭黄管瓣團結花
態豐肥如入天台山中洞城霞
光盡赤

飛輪
色赤帶紫單管齊頭平圓動
硬快如車輪三徑西風自然旋
轉較勝於鈿車繡轂書郎
二月亂輥香塵

珊瑚索
色紅稬管但垂長短不一望若

珊瑚粒々一線穿成此花宜斜簪
雲髻與翠翹珠串映帶生
妍

燃犀
色絳紅根管末瓣裏捲外翻
勢如火焰溫嶠燃犀水族之怪
異畢見花神故幻此形使菊

中之變態百出

火煉蟦蛦甲
色紅管粗末放前瓣內抱亮
如蟬脫紅若火珠不必食以丹
砂而通體盡赤

赤璞盤
色深紅粗管圓明末放匙瓣々

口凸起如珠明帝以赤瑛盤盛櫻
桃賜羣臣月下視之盤桃一色此
似近之

紫類

紫雲拿月

背紫面白黃心凸起長管稀
疎未放皆瓣起起抱心皓魄初
升餘霞尚鮮光華映射煊
灼心眸此花妙處要令人作
天際想

雕輪

色紫單管平圓管末碎剪
花邊玲瓏齊整乃令輪扁運
斤未必有此工巧

紫閣籤箋

色紫粗管平鋪漸開長口斜鈎
内向爭葉趲簇匝地縈戟排雲

一朵高擎端嚴壯麗第恐紫奪
霸士解組歸來未必喜此去臺
閑氣象

紫霞盃

色紫粗管豎起末開匙瓣內
抱如盃我欲取此霞盃酌流霞
酒一醉霞外游仙

紫芝獻瑞

色暗紫根管末瓣中心短管簇
綵成毬便是商山僊品益壽延
年不必搜採雲窩瑞分三秀

螺紋紫玉佩

色紫長管亂層短管盤於管
方有紋口開不出寶光燿燦彫

玲瓏層大支翠蓋荷英若
取以為佩不必更紉秋蘭

紫蟹初肥

色紫粗管亂層尖瓜縱横花發
霜天不啻新來秋水不必所
雪含黃面風味亦復不淺

蓮臺紫氣

色紫粗管抱心末放寬瓣花
光舒紫瓣、芳蓮瑞靄浮空
疑有如來趺跏其上

紫電藏鋒

色微紫粗管稀疎管管開口中
含黃穎風於日映光耀金蛇似
出柙大孃欲舞時颼然出鞘

紫雲窩

色深紫粗管短簇齊頭內抱霧氣彌綸霞光布護一團紫雲凝結空是天如行窩

天吳紫鳳

色深紫長瓣飛舞短管參差花光眩目怪狀駭人杜云天吳及紫鳳顛倒在裋褐確是此花小丑

紫綃毬

色深紫管瓣團結是誰好手碎剪霞綃簇疊成毬拋擲雜頭一任西風旋轉

怒爪如腥

色紫粗管虬屈管口尖利赤而有光有如龍爭血食牙爪怒張跳未至草木披靡而拏攫之勢凜不可犯

间色

衣錦尚絅

粗管平堆末闹㲉耳内猩红外雪白絅襲於外美在其中闇然日章大得君子之道

月天鴻影

色灰白微帶黄暈管瓣飛

揚每懐高秋清夜淡月微茫白雁横空霜翎冉冉此種形似縈回錯向花前問取故人書信

玳瑁簪

色斑斕粗管齊頭一花數管虬屈稀疎每對此花如入平

原君座上三千賓玄冠佩輝煌

散花仙

面白背黄管細如針末放圓瓣如匙是花裡現美人身綵袖翩翩於空際俛視一切妙色生香咸歸掌握

凌波仙子

面粉白背微红管細如針末放尖瓣踈落玲瓏此種態度湘妃耶洛神耶晓露輕圓溶溶花際又疑龍女弄珠來也

隋宫剪綵

色黄帶紅寛瓣攢堆瓣末

如剪花容花樣如花神聚玉
鈎斜肉鬭魄香魂剪刀爭試

蜂房倒掛
色闇淡長管修垂短管攢簇
形似蜂窠之齊分累累倒懸樹
杪花神依樣閙向以羅頭可見
螫人有毒但覺向人有情

猩紅襯藕衣
細管齊出管外藕色管內深
紅如自是肉家粧束濃淡映帶
得宜亦得衣錦尚絅之意

蝟鋼錯出
色白帶紫中多斑點皆浮管
上長短參差其形如蝟乍見

則瑟縮不畏細玩則光怪動
人

金縷籠殘霞
色黃管根帶紫闊足綫瓣
肉紅外黃金邊圍暈餘霞
散綺粉縷飄金蝶影無痕
霞光不定繞以羅襦祝不知
是霞是蝶是花

古鏡黃冠
色赭紅管瓣相間闊淡不鮮
形如深山道士修煉年深美
髮蒼顏自有三分仙氣

赭帶飄風
色赭紅管瓣相間腰間間出

大瓣彎環如帶飄揚自若大似陶令歸來不受拘束的態度

鷹背翻風

灰色寬瓣飄揚大似平坡放鷂展翮摩空背影翻騰有不勝風高凌厲之勢

山鷄舞彩

內鮮紅外丹黃單管參差末放長瓣烂燗花光彷若山鷄毛羽不用菱銅照影自然舞態蹁躚

牙輪

色淡黃粗管勁直平圓如斷象齒排轉成輪試取此花而雅子戲運嬉車頗稱精緻

落花依草

色淡碧外管伴肉管居上滲硃斑平坡展瓣亂點殘紅不意冷淡秋容乃露蕭暮春景色

古佛蒲團

棕色細管密布花厚而圓菊有名老僧雜者取彼一枝配以此種令人想見達摩渡江時光景

棕簑溜雨

棕色細管下垂管口凸起如露

花態紛披炯光閃淡絕似鳳
雨漁磯滴簑瀝滴

淡雲烘月

肉管短色黃外管長色白平
圓周密如雲籠月如月穿雲
月既微茫雲亦淡蕩月藉雲
而瓏點散彩雲藉月而瀲
灩生光

古鏡

色赭黃單片平圓面浮光
澤疑是師曠所鑄入井年
深土花侵蝕而盎然寶氣
自不可揜好須覓局另更
而磨鑢

塞鴻

色暗黃管跡瘦闊出寬瓣蓋
白每開晴空嘹唳把菊花態
令人憶想霸陵夜獵之將
軍每識花名又令人思長樂
驛中黃茶驛使

月芒四射

色黃帶赤單管平圓管外
密刺茸茸諺云月亮生毛
此似近之望雨裊裊亦見此花
光必壽慶幸

老圃秋容

疊管平圓作黃作赤閃淡
無葉確是此君本色枯韌

又詩云莫嫌老圃秋容淡猶有黃花晚節香譜遍羣芳取以爲殿

葉子罧夫花農菊隱鉏開三徑九華分陶令之園種出千般冊種隨史正之譜槐月趣催花之雨纖苗遍點香泥梅天防偃草之風弱梗牢支瘦竹翠葉怕晴霞烘篝殘陽密障蝦鬚珠箔憎睫露滋生竟日常攜鶴嘗循枝捕虎母令潛蹤象緣摎蠡不遺餘力灌溉則因時之燥溼壅培則視地之肥墝拋心力者半年餘

老圃之秋容不艷賞風光
手九月重誅籬之晚黃偏
香秀映松青回首衆芳銷
歇甘同枯紫呈姿五彩紛
披色屢變而出奇堅丹
青之雜畫樣彩翻而入

妙非金玉所能名卑你不
羣自然大雅而況人如其侯
所以友必於端時時破硯席
之工夫早已諳其情性歲歲
笑回家之樹藝敢辭勞
我精神特費心苗再傳

手法方是花而培修是譜
譜已極其精詳依是譜
而培養是花花益高其聲
價生逢其盛向呈羅雲
布而園燈快把斯編佐紫
蟹黃雞而下酒在江左頻

陪雅集從袁飲浮盃香彼
洛陽不乏名園將見鈔傳
紙貴

乾隆丁酉九秋古井張冰跋

華亭

古人種樹有書藝蘭有訣至於果蔬花卉之屬莫不各舉所知中其說以俟來者如二如亭羣芳譜可云集衆圃之大成矣菊載譜中亦已備詳栽

下卷　三十九

植之法其間所已言者予不猒中其說以爲因其間所未言者予不妨舉所知以爲羽翼世有爲花之知己而喜花之幸遇知己將於下交予爲知己者當不河漢

予言槑叟又識

下卷　四十

菊説

（清）計楠撰

《菊説》，（清）計楠撰。計楠（一七六〇——一八三四），字壽喬，自號甘穀外史，又號稱薏華農、雁湖花主，秀水（今浙江嘉興）人。他是秀才出身，做過江西吉安縣的訓導。喜藝花，善畫竹石草蟲，尤擅畫梅。著作有《一隅草堂稿》。幼年時期跟隨父親栽種菊花，所以養成了對菊的癖好，後來注意在各處尋訪、搜求菊花的異種名品，撰成此書。作者自序於嘉慶八年（一八〇三），書後原跋則是八年後所作。

該書按照松子、寳相、細種、中種、大花老種、大花新種六類，共序列了兩百三十六種菊花。凡是新種，都做了命名的解釋。作者還根據自己多年培植菊花的經驗體會，撰寫了『藝法臆言』，分爲儲土、蓄肥、分苗、灌溉、修葺、扦接、保葉、捕蟲、惜花、位置、養秧、通情、細種别法、子出等共十四目，涵蓋了菊花種植、養護、嫁接、除蟲、選種等各個方面。

該書原收於作者的《一隅草堂稿》中，後來收入《昭代叢書》，爲清道光十三年（一八三三）吴江世楷堂刻印。今據南京圖書館藏《昭代叢書》本影印。

（何彦超　惠富平）

菊說自序

別編卷第四十九

菊花一種昔人言之詳矣余之所說就目所見手所種者略表梗概焉先君子築逸圃以植名花於菊尤鍾愛予自髫齡追隨左右時當溪蘋花白野樹霜紅泛舟數百里內見有幽香逸韻掩映於短籬曲徑中者未嘗不造門訪焉爰乞佳種不憚煩勞樂爲種植釋名不必仍乎古種法或有宜於今心領神會怡然自得也數年以來禾中秋圃張君與余最善從而得交十八里橋徐君夏君此三人者皆善種菊者也臭

味相同性情相合花時互相投贈青蔬白酒紫蟹黄花淡然於世味酸鹹之外殆古所稱隱君子者乎於是樂得而爲之説

嘉慶八年九月甘谷外史作于晚香居

菊說

秀水計　楠壽喬著

菊花種類甚繁余好之深友人相投贈者近則嘉興平湖海鹽松江上海嘉定湖州遠則湖北揚州江寧各處皆出異種惟蘇種至下俱不留植今擇其佳者釋名於後

松子

金粟　雪鶴

水綠　紫蟬

金紅　琥珀

銀紅　老肝紅

新肝紅

寶相

西火放　東火放

青放　土黄

金蓮　蜜蓮

銀蓮　蜜喬銀

細種

大玉夾　大紅蓊絨
蠟瓣　金蓊絨
綠蓊絨　小玉夾
鷺毛幢　紅豆幢
銀蓊絨　大紅蓲刺
蜜蓲刺　銀[illegible]
金紅蓲刺　醉仙桃
松花鶴翎　銀紅鶴翎
金葡萄　銀紅葡萄

天仙紫　天仙黃

天仙錦　桃超

血牙超　龍鬚幢

桂花幢　瑪瑙夾

玉指夾　松花夾

紫夾　珠海夾

小金幢　蜜幢

大紅幢　銀幢

金碧玉　銀紅碧玉

金丁香　銀紅丁香

古色丁香　白丁香

鴛鴦合　桃花毬

大瀨花　古香毬

鶴塔　玉蝴蝶

大紅松殼　金松殼

銀紅松殼　白松殼

中種

錦松超　鷺毛毬

魏紅幢　烏雲幢

魏紫幢　文君面

葛衣　錦荔子

綠萬玉　火鍊金

雪獅子　素輝

水天碧　勝袞

金雀　髮管幢

麥柴幢　金珀

銀珀　錦心繡口

古色篆　鶴頂大紅
雄黃篆　金交絲
銀交絲
大花老種
金帶圍　銀帶圍
青蓮帶圍　蜜帶圍
水紅帶圍　玉夔龍
金夔龍　大紅夔龍
蜜夔龍　銀紅夔龍

紫夔龍　金佛座
鵞黃佛座　銀紅佛座
雪佛座　沈香佛座
五綵雲毬　西湖蓮
紫福蓮　小桃紅
大紅荷花　金荷花
銀紅荷花　血牙荷花
金紅荷花　玉荷
蜜荷　古銅芙蓉

黃牡丹　蜜牡丹

紫牡丹　紫祥雲

紫芝獻瑞　睡孩

金背大紅　落霞幢

金鈎　金蒲團

大花新種

每年子出不能備載擇其尤者存之或由傳稱或自命名象形取意雅俗參半其花之逸豔幽麗遠勝老種時下尚之後有佳者續載可也

硃砂蓮紅似硃砂大似牡丹　琥珀蓮色如紅琥珀長瓣高圓

梅紅蓮深桃紅色　紫金蓮色深紫黃

庫墨蓮深紫有墨暈　玉麒麟粉紅色圓滿瓣細

銅雀臺古銅色　迎風蝶花扁長若粉蝶狀

紫苑清華深紫色　函關紫氣青蓮色

寶山樓閣一名寶石樓臺大紅色　玉指含香玉色闊瓣整齊

楊妃新浴淡紅色極嬌嫩　醉西施粉紅色

月下姣娥粉紅色瓣尖色深紅　陡鬘流霞淡紅雜白瓣黃瓣

冷香博士淨白而品雅　墨池煙靄墨紫或名墨葵

層巒積雪花高突而瓣細密　銀紅嬌豔黃根紅尖色佳甚

春江鴨綠 綠放白花
粉黛生春 紅放白花
點臙脂 玉色每瓣上有紅點灑滿
海霞烘日 黃色每瓣有紅點
駝峯錦 駝絨色每瓣有紅綠
慶雲湛露 銀紅色有白點
石家錦幛 五色灑金
赤瑛盤 大紅色花圓而扁
萬珠盤 大底瓣色淡紅中有小白瓣攢密
藕絲裳 藕合色瓣有紫絲
日照金輪 深黃色
珊瑚樹 紅珊瑚色
鵞羣戲水 淡黃色
黃月天香 瓣如桂花稠密結大毬
松雲 松花黃
古雪春 瓣如梅花水綠色
藏經毬 色如古藏經紙
出水芙蕖 如荷花初放闊瓣

湘妃滴淚如湘妃竹色有墨點　蘆花秋月淡灰色

晚霞落照淡金紅色　紫雲玫瑰色

佛指拈華黃色紅心初放如佛手柑狀　紫蘿袍淡紫色

銀臺堆錦白瓣紅心　露浥青蓮綠邊中白

月暎紅紗深紅色　墨光琉璃黑紫色

濟陽紅大紅色　泥金百合金色邊中淡黃

藝法臆言

儲土

臘月取高阜肥土雜曬乾河泥加茅灰二分拌勻堆

於露天潑以宿濃糞待冰霜凍結以泄醎氣至正月盡取起篩過貯在陰所不使經雨俟分種時聽用

蓄肥

多備缸缶於牆角半陰半陽之所蓄隔年肥糞其糞必須搥碎去其渣滓以粗眼竹篩瀝過而後貯之於缸缶上用板蓋掩之一蓄豬穢一蓄退腥雞鵞鴨毛水總之以宿爲妙按時澆灌

分苗

期在四月上旬擇栽種日候雲日相間之天用中瓦

四張圓箍爲盆下用黃砂泥盆墊菊性喜陰燥而惡溼瓦盆易於走水種時將泥噴潮將苗洗去宿土種宜淺而不宜深以細直竹扶定遇烈日則易萎用蘆簾高遮遇陰雨則易朽根須移進簷下仍以通風爲要初種時不必多澆看天氣陰晴爲則澆用河水忌井水俟苗長尺許後用五分闊厚竹片作十字形如弓插在著盆邊結牢於扶竹離土二寸許并將莎草縛定菊本恐風雨搖動以致復萎故也

灌溉

自分苗至立秋前俱不可澆肥如遇黃梅久雨或有霉根只須將所儲宿糞泥薄薄壅護亦得肥氣兼泄溼氣大約細種最怕秋暑能過七月可望成功矣立秋後旬餘日可用三分肥七分水看菊性喜肥者間五六日一灌不傲肥者間十餘日一灌如太肥恐有籠頭之病天氣漸涼則肥漸增至發蘂分珠時將五分肥五分水併好半缸將竹絡絡盆提浸缸內不可著葉候浸足卽提起自八月中旬後至九月中旬如是者四五次見蘂極足未曾破色不妨厚肥斟酌澆

之則花開有力而色綻凡澆水暑月須極早未日出

漑之晩則更餘方可否則有熱氣未盡冷水一過根

即易壞至九月天氣已涼花蘂將足須在日色中用

噴壺自頂噴之得暖氣花易放而足

修葺

菊於黄梅後生子頭時恐其瘦長先將母頭摘去俟

子頭已茂縛轉一正頭以下參差高下留之勿使對

枝起蘂時一頭必數蘂輕輕剔去餘蘂中留二蘂恐

有傷損故也看其將成再去其一止成一蘂花可圓

綻又忌平頭且要單數一朶至七朶爲最多本身以短爲貴長不過二尺開時當細心紮縛具背面之勢用莎草節節紮好相其寬緊得宜藏竹於背但見翠葉扶疏佳花掩映乃入品也

扦接

其法將所摘之頭長者扦短者接扦法以肥泥噴溼以枝插下過節勿令見日置在通風之所夜則露之隨時澆之俟五六日後其根已生然後於蘆簾下以日影曝之令其堅老接法先於四五月間取青蒿頭

長三四寸扦活或野菊本扦時截去半本離泥寸許將快薄刀劈開頭上一二分將菊嫩頭削如鴨嘴以嵌之用線紮牢以乳糞泥塗於接痕置在陰所五六日必活活後略見日影則茂蓋蒿本喫肥而易活也因佳種每於熱天易萎頓留扦接之種花時將上身壓倒用肥土壅之每節能生苗即可傳種也凡扦接之法於未見蘂前隨時宜之往往十可成五六也或於菊本接之一種可接數色極可娛目

保葉

菊葉略泥卽黄萎脚葉遂不能保須用數十年陰溼
碎瓦條覆之緣舊瓦無火氣陰雨則無泥濺且烈日
則可蔽根若根邊偶有枯葉不可摘去去則泄氣自
下而上遂漸黄矣葉稍染泥須以淸水洗淨凡澆水
澆肥愼勿令著葉

捕蟲

四五月生菊虎蔦頭蟲二種捲葉靑蟲隨時易生六
月出象幹蟲靑縣蟲其葉登時可以食盡太溼生菊
蝨黑蚰令花憔悴七八月生蛀蟲靑蕣蟲蟲之爲害

不可救舉早晚捕殺之有無故而忽然綠葉黃染垂死者則泥中蠐螬及白蚯蚓菊蟻嚙根最爲難治即掘開捕捉根已損傷必萎矣

惜花

菊忌麝香觸之即悴凡帶香袋香珠者不可近沈檀速降之屬燒之色即頓減忌喫煙噴上忌俗客手捻鼻嗅根邊須用磁盃貯清水以緜條引水卬上則花與葉更耐久如遇和暖無霜夜閒移出露一二更天即移至簷下其色更鮮

位置

花開時換盆以宜興紫砂盆爲最雅揀式樣佳者其次莫若淨白宜興盆白石盆用本色楠木及黃楊等爲高低大小架以供之至於五色磁盆及紅綠架則太富麗而不稱其高品也室中須潔淨向外兩旁須設圍屏高八九尺糊以潔白素紙晝則幽豔奪目夜則懸鐙照耀菊影如畫吟朋花友飲酒賦詩幽情逸興生平第一樂事也

養秧

花時每日侵晨必須移至日影中照一二時辰否則秧嫩白而長瘦花將殘即翦去上幹止畱著根一二寸置之向陽之所如遇大寒恐冰雪凍傷以亂輭穰草薄薄蓋之得日光即撥開露頭閒八九日必澆之自冬至春須灌薄肥五六次則苗易壯每種以竹牌寫種名以記之分種時庶無差誤矣

通情

佳種難覓而難成我之所有不妨贈之於同好我之所無多方求之於他友不可生吝惜心庶幾緜緜繼

續名種不絕

細種別法

凡種松子用山砂泥三分拌乾白河泥四分高土泥三分拌勻用白狗糞二分曬乾拌勻分秧時著根用淡土壅之四圍用肥泥過立秋澆肥水種寶相用本土泥拌曬乾宿糞研末三七拌勻著根亦要淡泥種大玉甲蠟瓣只要淡泥不可用肥土至八月初方可澆淡陳糞水種翦絨宜陰不可太燥泥亦如種寶相法種丁香種甲幢宜陽受肥凡細種不可摘正頭

子出

將洋種大花有心者任其風露日曬至冬則花乾採下收存交清明後以細鬆泥拌稻草灰和勻噴溼將乾菊花揉碎鋪於泥上再以細泥薄薄蓋面大雨遮護微雨聽之日日灑溼立夏後發芽至深秋則有花單瓣千葉雜出顏色變幻擇其佳者留種

新種續錄

青雲佳士 小花超瓣銀紅色

紫霧凝霜 紫色瓣尖白花圓而大

彩鸞騰漢 淡紫色蘂如松子極放漫

太平福 中花紅紫色

蜜蓮環 大花蜜色 曲瓣圓環

墨花吐燄 墨紫色 中花

粉底紅蓮 白背裏紅 硬瓣圓奪

玉如意 闊瓣大花 鉤瓣而圓

錦邊靑蓮 玉色花邊 鑲淡紫

丹鳳 金紅色長 瓣如羽毛

梅妃曉妝 白心鑲邊 銀紅極佳

珊瑚塔 深紅色 大花

碧梧金鳳 中花黃 色極嫩

絳雲袍 中花深 紅色

紫霞壽客 中花紫 色有光

旭日鳳鳴 大花深 古色

瑞金蓮 大花闊瓣 深黃色

錦邊大紅 中深紅 黃鑲邊

血牙芙蓉 大紅血 牙色

紫梅灑雪 紫瓣上灑白 細點極好

雪盤龍 大花圓轉 極渾厚

冰盤托月 四圍大瓣中奪 起小瓣圓滿

白鶴寒光 大花瓣如鶴羽

琥珀蓮臺 大花火黃色

風雲際會 中花大紅

大紅佛座 背黃中大紅包合圓美

綠牡丹 水綠色大花

青心玉帶 大花中綠瓣四邊闊白瓣

曇鉢幽香 中花淺黃色

金殿朝陽 中火黃邊淡黃大花

鶴舞金樓 中黃邊白花

小山松雪 西湖色細瓣如針

鳳舞瑤臺 紅心長瓣邊白闊瓣

岳陽三醉 粉紅色中花極嬌嫩

桃腮含露 小花色如紅桃初放

金鼎紅丹 小花中火紅邊深黃

杏花春雨 小花色如杏花極佳

玉笛梅花 小花中淡紅邊白

蘭釭鐙燄 小花中紅外黃

紫燕掠波 小花深紫色瓣如碎翦

錦帳雲屏 小花紅黃紫白瓣瓣不同

肙萼脣硃 小花邊紅中綠

紫袈裟 深紫闊瓣此花我家子出

錦葵 中花五彩錯雜

玉堂春 大花如牡丹銀紅色

金莖承露 邊瓣深黃花心淡黃

京兆紅 深紅色疊瓣此花我家子出

天水白 此花趙氏子出中綠外白

煙凝紫玉 深紫花小而瓣硬

萍實含波 大紅花結毬

黃衫客 深黃闊瓣

綠雲毬 綠色中花耐久

藕色蓮臺 大花青蓮色形如荷花

金卮 中花黃色中空外含如卮

吳興紫 大花沈氏子出白背紫心

樂安黃 大花孫姓子出黃瓣上有紅點

原跋

夫古所謂晚花細葉者皆佳種也菊之祖不外乎翦茸西施二種翦茸本色花頭翎管半翦一鈎一戟鈎從內向戟往外張而管中叉抽細絲攢碎玲瓏無單散之瓣有大小二種大者次之小者爲貴其灑金滿英尤重焉西施本色花頭層疊超拱徑大可逾數寸而高特捧簇上下如一瓣外叢生芨刺也此二種者植數本必有變種愈變愈幻或絨或毬或幢或甲曰松子曰寶相曰荔支曰丁香曰牡丹曰芙蓉曰飛燕曰團

瓣等類皆象形以取義大約由翦茸而出蘂多
纍纍若楊梅由西施而出蘂多層層若衣夾此
其定概也賦色有深淺不同花頭有大小圓長
不齊稱名有今古各殊土風各異培植有各人
意巧各處相宜無定名無定法此可爲知者道
難與俗人言也今之花市所種者不過麤種與
洋種取其易植耳粗種亦有佳色可觀但不耐
久葉蠹而頸輭洋種出自海外山中商船所帶
進而傳種者予好三十餘年遇奇必購至今猶

娓娓不倦由平生癖愛故也後有同志者佳種以貽我妙術以授我當更書紳而銘帶也夫

嘉慶十六年九月秋蘤豩農跋於餐英詩屋

菊說跋

菊之有譜也創自宋劉氏史氏而范氏繼之迨史氏百菊集譜則薈萃諸家菊譜訂爲一編　國朝陸氏藝菊志則博採菊譜及古今賦菊詩文幷藝植之法亦孔備矣今計子壽喬更爲菊說蒐奇攬勝美具難幷實足爲黄華生色余雅有同嗜披閱之下輒不禁其悠然神往云癸酉仲秋震澤楊復吉識

孫貞起允升校字

農政全書　卷第四十九　十

藏板

東籬纂要

（清）邵承照 撰

《東籬纂要》，（清）邵承照撰。邵承照，大興（今屬北京市）人，自號憩園主人。退休後，以種菊花作爲消遣，研究菊花的栽培方法，並輯錄前人的譜錄和當代人的種菊經驗、秘訣，撰成此書。『東籬』二字源自陶淵明『采菊東籬下，悠然見南山』，應代指菊花。書前自序作於光緒十五年（一八八九）。

全書共分爲集論、辨名、治壤（附登盆）、分苗、培養、扦接、澆灌、除害、幻弄、儲種（附種子）等十門，爲十卷。涵蓋了從品種辨別、菊花種植、菊花養護、澆灌施肥、除蟲防害、選種育種在内的『治菊藝菊』經驗。在治壤、培養、儲種三門的後面均附有作者的意見，顯然是多年種植菊花的心得。書中幾乎每門都引用了《西吴菊略》，這説明作者的見解，與程岱葊頗有相合之處。

最早的版本應是光緒十五年（一八八九）的刻本。今據南京圖書館藏清光緒十五年（一八八九）刻本影印。

（何彦超　惠富平）

東籬纂要序

菊花中之隱逸山人愛之宜也乃自陶潛以愛菊傳世之達官貴人富商大賈以及市廛闤闠之間當夫重陽將屆秋花盛開莫不各購名葩爭相誇耀幾乎盡人皆淵明矣顧手未能親其栽植目未暇睹其變化但於花時賞翫之花謝後棄置弗顧則愛如毋愛也然則菊亦惟山人能愛之耳余自解組後闢圃數畝悉栽菊因講求種藝之法凡前人譜録今人秘籍一一手録而心識之久乃彙成一編分門為十惟辨

名一門僅錄古名以今人隨地異名無關於典要也至詩文詞賦爲向來作譜者所不遺而此集以種藝爲主名篇佳什收不勝收他日當別爲一集矣

光緒十五年歲在己丑憩園主人邵承照序

東籬纂要十卷目錄

大興邵承熙著

東籬纂要卷一

集論

宋劉蒙菊譜序曰：草木之有花，浮冶而易壞。凡天下輕脆難久之物，皆以花比之，宜非正人達士堅操篤行之所好也。然予嘗觀屈原之爲文，香草龍鳳以比忠正，而菊與菌桂荃蕙蘭芷江蘺同爲所取。又松者，歲寒堅正之木也，而陶淵明乃以松名配菊，連語而稱之。夫屈原、淵明，實皆正人達士堅操篤行之流，其於菊貴重之如此，是菊雖以花爲名，固與浮冶易壞之物不可同年而語也且菊固有異於物者凡花皆以春盛而實皆以秋成其根柢枝葉無物不然而菊獨以秋花悅茂於風霜搖落之時此其得時者異也有花葉者花未必可食而康風子乃以食菊仙又本草云以九月取花久服輕身耐老此其花異也花可食者根葉未必可食而陸龜蒙云春苗恣肥得以採擷供左右杯案又本草云以正月取根此其根葉異也夫以一草之微自本至末無非可食有功於人如此加以色香態度纖妙閑雅可爲邱壑燕靜之娛然

則古人取以比德而配以歲寒之松夫豈徒然而已哉洛陽風俗大抵好花菊品比他州爲盛劉原孫伯紹者隱居伊洛廣植諸菊朝夕嘯詠其側蓋已有意譜之而未暇也崇寧甲申九月余爲龍門之遊得至君居顧而樂之相與訂論因隨其名品論序於左以列諸譜之次

又定品目或問菊奚先曰色與香而後態然則色奚先曰黄者中之色土王季月而菊以九月花金土之應相生而相得者也其次莫若白西方金氣之應菊

以秋開則其氣鍾焉陳藏器云白菊生平澤花紫者白之變紅者紫之變也此紫所以爲白之次而紅所以爲紫之次云有色矣而又有香有香矣而復有態是花之尤者也或曰花以豔媚爲悅而子以態爲後歟曰吾嘗聞於古人矣妍卉繁花爲小人松竹蘭菊爲君子安有君子而以態爲悅乎至於具香與色而又有態是君子而有威儀者也菊有名龍腦者具色與香而態不足者也菊有名都勝者具態與色而香不足者也菊之黄者未必皆勝而置於前者重其色

也菊之白者未必皆劣而列於中者次其色也雜羅
香球玉鈴之類則以壞異而升焉至於順聖楊妃之
類轉紅受色不正故雖有芬香態度不得與諸花爭
也然余獨以龍腦爲諸花之冠是故君子貴其質焉
後之視此譜者觸類而求之則意可見矣
又說疑曰或謂菊與薏有兩種而陶隱居日華子所
記皆無千葉花疑今譜中或有非菊者然余嘗讀隱
居之說謂莖紫色青作蒿艾氣爲苦薏今余所記菊
中雖有莖青者然而氣香味甘枝葉纖少或有味苦

者而紫色細莖亦無蒿艾之氣又今人間相傳爲菊其已久矣故未能輕取舊說而棄之也凡植物之見取於人者栽培灌溉不失其宜則枝葉華實無不猥大至其氣之所聚乃有連理合穎雙葉並蔕之瑞而況於花有變而千葉者乎日華子曰花大者爲甘菊花小而苦者爲野菊若種園圃肥沃之處復同一體是小而變爲甘也如是則單葉變爲千葉亦有之矣牡丹芍藥皆爲藥中所用隱居等但記花之紅白亦不云有千葉者今二花生於山野類皆單葉小花至

於園圃肥沃之地栽鋤糞養皆爲千葉大花變態百
出矣獨至於菊而疑之

又補意曰余嘗怪古人之於菊雖賦詠嗟歎嘗見於
文詞而未嘗說其花壞異如吾譜中所記者疑古之
品未若今日之富也今遂有三十五種又嘗聞於蒔
花者云花之形色變易如牡丹之類歲取其變者以
爲新今此菊亦疑所變也今之所譜雖自謂甚富然
搜訪有所未至與花之變易後出則有待於好事者
焉君子之於文亦闕其不知者斯可矣

又拾遺曰黄碧單葉兩種生於山野籬落之間宜若無足取者然譜中諸菊多以香色態度爲人愛好剪鋤移徙或至傷生而是花與之均賦一性同受一色俱有此名而能遠近山野保其自然固亦無羡於諸菊也余嘉其大意而收之又不敢雜置諸菊之中故特列之於後云

宋史正志菊譜前序曰菊草屬也以黄爲正所以概稱黄花漢俗九日飲菊酒以祓除不祥蓋九月律中無射而數九俗尚九日而用時之草也南陽酈縣有

菊潭飲其水者皆壽神仙傳有康生服其花而成仙
菊有黃華北方用以準節令大略黃華開時節候不
差江南地暖百卉造作無時而菊獨不然考其理菊
性介烈高潔不與百卉同其盛衰必待霜降草木黃
落而花始開嶺南冬至始有微霜故也本草一名日
精一名周盈一名傳延年所宜貴者苗可以菜花可
以藥囊可以枕釀可以飲所以高人隱士籬落畦圃
之間不可一日無此花也陶淵明植以三徑采於東
籬裛露掇英汎以忘憂鍾會賦以五美謂圓華高懸

準天極也純黃不雜后土色也早植晚登君子德也冒霜吐潁象勁直也杯中體輕神仙食也其爲所重如此然品類有數十種而白菊一二年多有變黃者余在三水植白菊百餘株次年盡變爲黃花今以色之黃白及雜色品類可見於吳門者二十有七種大小顏色殊異而不同自昔好事者爲牡丹芍藥海棠竹筍作譜記者多矣獨菊花未有爲之譜者殆亦菊花之闕文也歟余姑以所見爲之若夫耳目之所未接品類之所未備更俟博雅君子與我同志者續之

又後序曰菊之開也既黄白深淺之不同而花有不落者蓋花瓣結密者不落盛開之後淺黄者轉白而白色者漸轉紅枯於枝上花瓣扶疎者多落盛開之後漸覺離披遇風雨撼之則飄散滿地矣王介甫武夷詩云黄昏風雨打園林殘菊飄零滿地金歐陽永叔見之戲介甫曰秋花不比春花落爲報詩人仔細吟介甫聞之笑曰歐陽九不學之過也豈不見楚詞云夕飡秋菊之落英東坡歐公門人也其詩亦有欲伴騷人賦落英與夫卻繞東籬嗅落英亦用楚辭語

耳王彥賓言古人之言有不必盡循者如楚辭言秋
菊落英之語余謂詩人所以多識草木之名蓋爲是
也歐王二公文章擅一世而左右佩紉彼此相笑豈
非於草木之名猶有未盡識之而不知有落有不落
者耶王彥賓之徒又從而爲之贅疣蓋益遠矣若夫
可餐者乃菊之初開芳馨可愛耳若夫衰謝而後落
豈復有可餐之味楚辭之過乃在於此或云詩之訪
落落訓始也意落英之落蓋謂始開之花耳然則介
甫之引證殆亦未之思歟或者之說不爲無據余學

爲老圃而頗識草木者因併書於菊譜之後淳熙歲
次乙未閏九月望日吳門老圃叙

范成大范村菊譜序曰山林好事者或以菊比君子
其說以爲歲華晼晚草木變衰乃獨曄然秀發傲睨
風露此幽人逸士之操雖寂寥荒寒而味道之腴不
改其樂者也神農書以菊爲養生上藥能輕身延年
南陽人飲其潭水皆壽百歲使夫人者有爲於當世
醫國惠民亦猶是而已菊於君子之道誠有臭味哉
月令以動植志氣候如桃桐華直云始華至菊獨曰

菊有黃華豈以正色獨立不伍衆草變詞而言之歟故名勝之士未有不愛菊者至淵明尤甚愛之而菊名益重又其花時秋暑始退歲事既登天氣高明人情舒閑騷人飲流亦以菊爲時花移檻列斛輦致觴詠間謂之重九節物此非深知菊者要亦不可謂不愛菊也愛者既多種者日廣吳下老圃伺春苗尺許時掇去其顛數日則岐出兩枝又掇之每掇益岐至秋則一幹所出數千百朶婆娑團植如車蓋熏籠矣人力勤土又膏沃花亦爲之屢變頃見東陽人家菊

圖多至七十種淳熙丙午范村所植上得三十六種悉爲譜之明年將益訪求他品爲後譜云

宋劉克莊題建陽馬君菊譜曰菊之名著於周官詠於詩騷植物中可方蘭桂人中惟靈均淵明似之後漢胡廣貴壽偶然耳乃托菊水以自神與士之評萬古不磨嗚呼非廣之辱乃菊之辱也至忠獻韓公始有晚香之句膾炙人口近時番禺崔公辭相印不拜自號菊坡俱爲本朝佳話嗚呼非二公之榮菊之榮也建陽馬君譜菊得百種各爲之詠其嗜好淸絕可

喜亦可幸君未爲人爵所縻林下趣專獲與菊相周旋如此未之君他日官達將如伯始乎抑爲韓爲崔乎將以榮是菊乎抑以辱是菊乎君其謹之易使菊有遺憾

陸游老學庵筆記曰菊花色雖多種黄者爲正月令他卉皆曰始華於菊獨曰菊有黄華正其驗矣種法有九要一曰養胎二曰傳種三曰扶植四曰修葺五曰培護六曰幻弄七曰土宜八曰澆灌九曰除害能如此法便堪爲松菊主人不減淵明矣

王世懋學圃餘疏曰菊至江陰上海吾州太倉州也而變態極矣有長丈許者有大如盌者有作異色二色者而皆名麤種其最貴乃各色翦絨各色西施各色獅牙乃謂之細種種種之最難須得地得人燥溼以時蟲蠹曰去花須少而大葉須密而鮮不爾便非上乘元馭閣老尤愛京師有一種大紅曰麻葉相袍紅元馭爲翰林時特命囊之馬首歸今吾地尚有此種然開不能大佳想亦地氣使然菊中有黃白報君知最先開甘菊可作湯寒菊可入冬皆賤種也而皆

不可廢又有一種五六月開亦異種也

吳致堯九疑考古曰春陵舊無菊自元次山始植沈

譜云次山作菊圃記云在藥品爲良藥爲蔬菜是佳

蔬黄省曾藝菊譜曰一貯土二留種三分秧四登盆

五理緝六護養

廣羣芳譜花忌日忌燥寒燥熱天色忌大風大雨烈

日忌四圍高牆忌地勢汙下忌貪多助長如用確口

硫黄馬勃催放藥物之類忌孤無傍被忌四面一齊

似燈籠樣忌圍縛盤結忌麝臍觸犯

西吳菊畧六要曰一短髮拌土可除蚯蚓二保養得宜花更耐久三韭汁接力葉黄復綠四短本掐頭枝横方生五晴天扦插易根易發六秋發枝葉不損不傷

又八忌曰一圍牆日逼二就地安盆三原盆硬土四野草常生五葉凋赤腳六枝幹雙分七長短太過八插竹紛紜

又歌訣曰一新春菊種不須澆二月和熙潤一瓢直待餳簫吹動候暖風晴日蓺新苗二穀雨春融長嫩

尖朝朝曬向太陽前盆泥潮潤休傾水好過黃霉五
月天三入夏新枝三寸強剪頭插土趁時光後天偏
較先天勝無限奇葩是晚香四時交小滿葉森森暖
日天天不可陰掃淨黑蟲除菊虱柯纏亂髮雀難侵
五芒種逢壬便入霉連朝霪雨菊花災根邊泥土須
鬆漏水積須防頃刻摧六雖言仲夏菊花深插竹還
防風雨侵要捕菊牛殲菊虎時交子午葉端尋七有
時小暑一聲雷倒做黃霉損菊材盆底墊空三個孔
毋庸重去費栽培八暑氣炎炎六月中澆花莫待日

升東寅初曬到將申候察看青枝輭復隆九最怕新秋土色乾噴壺早晚洒漫漫盆中有草還須剪拉拔傷根菊本殘十處暑晨昏漸漸涼輕輕草汁潤根旁金風涼信肥添重摘揷扦枝尺五長十一葭蒼露白蕊初胚常把濃肥緊緊催無限精神從蕊化九秋錯認牡丹開十二秋分根老菊苗豐依舊濃肥幾次沖穢氣不教來鼻覷自非金汁不為功十三轉盼清涼露已寒太陽全仗晒三竿陰枝頭軟花無力只要泥潮不要乾十四三秋風景愛重陽益壽名花滿院黃

送酒白衣花亦白只因新降一天霜十五秋英盛到孟冬時霜重籬邊力不支剪去殘英惜餘力早移堂院免離披十六耐久如何不耐寒只因畏凍愛晴乾負暄簷下粗糠覆保護根芽改歲看

藝菊須知曰菊如花之隱逸宜先取其品次取其丰神再次取乎色管放曰文片放曰武各有優劣不得以片管分粗細也大抵片悬短管悬齊悬密揔宜參差疎落有丰神有體態爲上瓣宜柔軟不宜太硬又須立得住不得一開即垂色宜明艷不宜粗暗初放

色相稍差愈開精神愈出亦妙若初開色相似佳半開即精神頹敗顏色暗淡矣足取焉茲定品爲四曰神妙逸俊開放朶朶不同莫名其妙爲神品體態艷麗爲妙品情形瀟洒爲逸品雅俗共賞爲俊品餘則品斯下矣仍當加意培養珍重護持順其性以仰藉天工適乎時而俯加人力黄花有知斷無不爭奇擢艷以酬花主人也

東籬纂要卷二

辨名

爾雅菊治蘠　本草經曰菊有筋菊有白菊黃菊菊花一名節花一名傅公一名延年一名白華一名日精一名更生又曰陰成一名朱嬴一名女花其菊有兩種者一種紫莖氣香而味甘美葉可作羹爲眞菊一種青莖而大作蒿艾氣味苦不堪食名苦薏非眞菊也　又菊一名女節一名女莖一名金莖蘇頌曰白菊頴人呼爲回峰菊汝南名荼苦蒿上黨及建安

郡順政郡並名羊歡草河內名地薇蒿　抱朴子曰
精更生周盈皆一菊也　古文苑見禽華以應色注
禽華菊也　仙書菊花如延壽客　清異錄懿宗賞
花歌曰長生白久視黃共拜金剛不壞王謂菊花也
三餘贅筆曾端伯以菊花爲佳友張敏叔以菊爲
壽客　花史王龜齡十朋取莊園卉目爲十八香以
菊爲冷香
劉蒙菊譜三十五種以龍腦爲第一
黃色　劉譜都勝出陳州鵞黃千葉葉形圓厚有

紋如入手紋狀而內外大小重疊相次御愛出京師
一名笑靨一名喜容淡黃千葉葉有雙紋齊短而闊
葉端皆有兩闕或云出禁中故名金萬鈴深黃千葉
菊以黃爲正而鈴以金爲質是菊正黃色而葉有鐸
形則于名實兩無愧也又有鞍子菊與此花一種大
金鈴深黃中皆五出細花下有大葉承之蜂鈴千葉
深黃花形圓小而中有鈴葉擁聚蜂起細視若有蜂
窠之狀鵞毛色淡黃纖細如毛生于花萼上毬子菊
深黃千葉尖細重疊一枝之杪聚生百餘花若小毬

諸菊黃花最小無過此者秋金鈴深黃色雙紋重葉
花中細蕊皆出小鈴蕚中鄧州黃單葉雙紋深於鵞
黃淺於鬱金中有細葉出鈴蕚上銀臺深黃萬鈴
葉有五出而下有雙紋白葉開之初疑與龍腦菊一
種但花頭差大不甚香耳薔薇菊深黃雙紋單葉有
黃細蕊出小鈴蕚中黃二色鵞黃雙紋多葉一花之
間自有深淡兩色　史譜金鼇菊花心微窪深色御
袍黃心起突色如深鵞黃淺色御袍黃　范譜勝金
黃一名大金黃花葉微尖但條梗纖弱難得團簇作

大本須留意扶植乃成疊金黃一名明州黃又名小金黃花心極小疊葉穠密狀如笑　棣棠菊一名金鈕子花纖穠酷似棣棠色深如赤金他花色皆不及疊羅黃花葉尖瘦如剪羅縠三兩花自作一高枝出叢上麝香黃花心豐腴旁短葉密承之千葉小金錢略似明州黃花葉中外疊疊整齊垂絲菊花蕊深黃莖極柔細隨風動搖如垂絲海棠金鈴菊一名荔枝菊千葉細瓣簇成小毬如小荔枝枝條長茂可以攬結江東人有結爲浮圖樓閣高丈餘者余過欒城其

地多菊家家以盆盎遮門悉爲鸞鳳亭臺之狀即此一種又有太眞黃單葉小金錢　暈苑金芍藥又名金寶相一名賽金蓮一名金牡丹一名金骨朵其蓓蕾黃紅其花金光愈開愈黃徑可三寸厚則稱之氣香瓣闊黃鶴翎又名金鶴翎蓓蕾褊小瓣弓而長尖而闊厚面黃背紅開早花徑三寸蜜鶴翎蜜色千瓣黃蠟瓣花淡黃金玲瓏又名錦玲瓏一名金絡索金黃千瓣瓣卷如玲瓏黃疊雪花淡黃金蠟口又名黃錦鱗又名錦鱗菊瓣葉莖幹頗類黃鶴翎開亦同時

體厚瑩潤絕類西施瓣背深紅面正黃瓣展則外暈黃而內暈紅既徹則一黃菊耳檀香毬色老黃形團瓣圓厚開徹整齊徑幾三寸厚三之二氣香葉幹短蹙檀香菊又名小檀香葉朝似檀香毬而花亦相似穠英黃一名紫楆御袍黃一名柘袍黃一名大御袍黃花初開中赤既開瑩黃徑二寸半報君知一名九日黃一名早黃一名蟹爪黃花黃赤而有寶色開於霜降前久而愈豔徑二寸有半氣香瓣末稍岐有尖突起小金鐘又名狀元黃其花焦黃燄燄始終一色

瓣疏細而茸作饅頭之形徑二寸許蕚深綠開甚早氣香嚴秋黃又名金芙蓉一名晚節黃一名大蠟瓣花蜜蠟色徑二寸有半瓣闊微皺開於秋末黃羅繖花深黃徑可二寸體薄中有頂瓣紋似羅下垂如傘柄長而勁纖蕊黃又名鐵幹黃花似御袍黃而小柄長而細蕚黃莖青黃繡毬又名金繡毬一名木樨毬一名黃羅衫一名金毬花深黃剪金毬又名剪金黃一名金鳳毛一名金樓子一名蜜剪毬其色瑩黃瓣末細碎如剪頂突有細蕚相雜茸茸氣香晚黃毬深

黃千瓣開極大十朶毬花黃千瓣如毬大金毬金黃千瓣瓣反成毬金紐絲又名黃萬卷一名金撚線一名出谷鶯一名金絞絲一名金盤橙其花瑩黃其開遲高可一丈蜜繡毬又名妲已一名金翅毬一名金鳳團一名蜜西牡丹花蜜色瑩而潤徑二寸有半氣香瓣舒開遲其殘也紅而麗黃牡丹花鵞黃其背色稍淡出爐金又名錦芙蓉金紅千瓣色如爐金出火黃西施嫩黃多瓣蜜西施蜜色千瓣錦褒姒金黃千瓣似粉褒姒金孔雀又名金褥菊蓓蕾甚巨初開金

黃既開赤黃徑三寸半後稱之錦雀舌又名金雀舌重黃多瓣微尖如雀舌鶯羽黃又名鷰乳黃其嫩黃千瓣畫如大錢黃剪絨似紅剪絨而色金黃黃粉團黃花千瓣中心微赤九煉金又名滲金黃一名銷金菊花似棣棠菊而稍大瓣似荔枝菊而稍禿開於九日前外暈金黃中暈焦黃火煉金花徑僅寸許開尖瓣猩紅其中蓦金黃朶垂其紅不變茉莉菊似梅花菊而黃黃佛頂又名佛頭菊一名觀音菊黃千瓣中心細瓣突起似佛頂四邊單瓣樓子佛頂花鷲黃其

瓣大約四層下一層瓣單而大二層三層數疊稍縮三層亦數疊又縮第四層黃蕚細鈴茸茸然突起作頂黃

五九菊鶯黃色外尖瓣一層中瓣茸茸然徑僅如錢

夏秋二度開

白色　劉譜龍腦一名小銀臺類金萬鈴而葉尖花上葉色類人間染鬱金而外葉純白新羅一名玉梅一名倭菊出海外千葉純白長短相次而花葉尖薄鮮明瑩徹若瓊瑤然花始開時中有青黃細葉如花蕊之狀盛開之後細葉舒展乃始見其蕊焉玉毬多

葉白花近蕊微有紅色花外大葉有雙紋瑩白齊長
而蕊中小葉如剪茸初開時有青殼久乃退去盛開
後小葉舒展皆與花外長葉相次倒垂玉鈴純白千
葉中有細鈴甚類大金鈴酴醾菊純白千葉自中至
外長短相次玉盆多葉黄心內深外淡而下有闊白
大葉連綴承之有如盆盂中盛花狀鄧州白單葉雙
紋白花中有細蕊出鈴蕚中銀盆花中皆細鈴比夏
秋萬鈴差疎而形色似之鈴葉之下別有雙紋白葉
故謂之銀盆　史譜金盞銀臺心突起瓣黄四邊白

樓子佛頂心大突起如佛頂四邊單葉　范譜蓮花
菊如小白蓮花多葉而無心花頭疎極蕭散清絶一
枝只一葩綠葉亦甚纖巧芙蓉菊開就者如小木芙
蓉尤穠盛者如樓子芍藥茉莉菊花葉繁褥全似茉
莉綠葉亦似之木香菊多葉略似御衣黃初開淺鵞
黃久則淡白花葉尖薄盛開則微卷芳氣最烈一名
腦子菊酴醾菊細葉稠疊全似酴醾比茉莉差小而
圓白麝香似麝香黃花差小銀杏菊淡白時有微紅
白荔枝與金鈴同但花白耳波斯菊花頭極大一枝

只一葩蕾倒垂下久則微捲如髮之鬈　彙苑銀芍藥一名太液蓮一名銀牡丹一名銀骨朶初似金芍藥後瑩白銀光爍爍香甚殘則淡紅白鶴翎一名銀鶴翎一名銀雀舌其花純白與粉鶴翎同瓣皆有尖下垂白蠟瓣又名玉菡萏花純白蠟瓣粉西施又名西施嬌瓣厚不瑩玉玲瓏又名玉連環蓓蕾初淡黃而微青漸作牙紅既開純白其瓣初仰而後覆一名雪又名勝瓊花花頭大有寶色其瓣茸茸然如雪花六出一團雪一名鬭嬋娟花極白晶瑩瓣如約長而

厚踈朗香清中蕚黄開遲最久粉絲又名粉蘇桃花初粉白後瑩白開徹如毬殿秋白又名玉玫瑰花朶葉幹俱類殿秋黄白繡毬一名白羅衫色青白而有光皺花苞蔕大於鵞卵其瓣有紋中有細蕚開最久水晶毬其花瑩白而嫩初開微青徑二寸許其瓣細而茸中微有黄蕚初褊薄後乃暄泛銀紐絲一名萬卷書一名銀絞絲其花初微黄後白瑩如雪徑可三寸體薄開早玉寳相白多瓣初開微紅白牡丹其花純白褒姒多瓣小花蘸金白千瓣瓣邊有黄色

似蘸金劈破玉小白花每瓣有黃紋如線界之爲二月下白又名玉兔華花青白色如月下觀之徑僅二寸其形團其瓣細而厚粉蝴蝶千瓣小白花八仙菊初青白色後粉色一花七八蕊白五九菊其外大瓣一層純白其中鈴蕚淡黃徑僅如錢夏秋二度開紅色　劉譜垂絲粉紅千葉葉細如茸攢聚相次花下無托葉楊妃菊粉紅千葉散如亂茸而枝葉細小嫋嫋有態此菊之柔媚爲悅者也合蟬粉紅筒葉花形細者與蕊雜比方盛開時筒之大者裂爲兩翅相

飛舞狀一枝之杪凡三四花紅二色千葉深淡紅叢有兩色而花葉之中間生筒葉大小相映盛開時筒之大者裂爲二三與花葉相雜比茸茸然花心與筒葉中有青黄紅蕊頗與諸菊相異　范譜桃花菊多至四五重粉紅色濃淡在桃杏紅梅之間未霜卽開最爲妍麗胭脂菊類桃花菊深紅淺紫比臙脂色尤重　彙苑猩猩紅花似狀元紅而厚僅二寸開早色鮮紅能久大紅袍蓓蕾如泥金初開朱紅瓣尖細而長厚徑可二寸慶雲紅蓓蕾深桃紅開則紅黄竝作

瑪瑙色中暈紅而外暈淡其瓣尖細而鬅鬆徑二寸有半厚稱之狀元紅花重紅徑可二寸厚半之瓣闊而短厚有紋其末黃其紅能久開早一捻紅花瓣上有紅點面徑三寸瓣大而圓雞冠紅花千瓣色如雞冠冬菊又名寒菊花薄而小徑僅寸半色深紅質如蠟瓣闊而短開極遲寒菊亦有黃白色者紅繡毬花初開殷紅稍開即木紅徑可二寸有半瓣下覆如毬心蔫黃甚錦繡毬蓓蕾如栗其花抱蔕初殷紅既開鮮紅漸作紅黃花瓣闊而短紅萬卷深紅千瓣如萬

卷書紅牡丹開早初般紅後銀紅開最久樓子粉西施一名紅粉樓一名車輪紅其花粉紅徑可三寸厚三之二開遲瓣圓而厚比次整齊中深紅突起上作重臺花易淡大金眼又名樓子紅一名回子眼菩蕾甚巨開早初深黑漸作鮮紅瓣垂而長光燄奪目既開徑二寸以上其蕚如小錢初青後黃其中隱然有頂有開數瓣上豎者小金眼又名楊梅毬花朶差小枝幹稍細赤金盤又名脂暈黃又名琥珀杯其花初開紅黃而赤金星浮動其後漸作醬色徑可二寸其

形薄而瓦其瓣如杓而尖鶴頂紅又名不老紅薄而
小外暈粉紅中暈大紅開徹粉紅瓣下軃大紅瓣上
攢如鶴頂醉楊妃其色深桃紅久而不變其花疎爽
而潤澤小徑二寸以上厚半之其瓣尖而硬下覆如
臍花繁而柄弱其英乃垂縷金妝深紅千瓣中有黃
線路海棠菊又名錦菊又名小桃紅色類垂絲海棠
徑寸半形薄而瓦瓣短多紋而尖愈開奇有寶色中
暈疎外暈黃邊暈純白或數色錯出變態不窮海東
紅一名相袍紅一名舊朝服其花先殷紅漸作金紅

久則木紅而淡徑二寸半其瓣初尖而後岐其蕚黃
其徹也鬅鬆紅剪絨初殷紅後木紅徑寸半其形薄
而瓦其瓣葉碎而茸攢簇如刺紅粉團花粉紅徑僅
二寸厚半之中暈紅瓣短而多紋賓州紅又名岳州
紅一名日輪紅花重紅褊薄如鏇徑僅二寸中黃蕚
粉鶴翎又名粉紐絲一名玉盤丹花粉紅瓣尖長而
大其背淡紅初開鮮穠既開四面支撐紫餤騰耀
學圃雜疏京師有一種大紅日麻葉紅
紫色　劉譜順聖淺紫葉比諸菊最大一花不過六

比葉而每葉盤疊凡三四重花葉空處間有筒葉輔之大牽花形類垂絲棣棠但色紫花大夏萬鈴開於五月紫色細鈴生于雙紋大葉之上秋萬鈴千葉淺紫其中則葉盡爲五出鐸形而下有雙紋大葉承之纈毬千葉紫花花葉尖闊相次聚生如金鈴菊中鈴葉之狀荔枝紫千葉紫花葉卷爲筒大小相間上下左右攢聚而生其形正圓　纂苑紫芍藥又名紅剪春先紅後紫復淡紅蒼白徑可三寸厚稱之紫霞觴初重紅稍開即木紅狀元紫色深花大紫絲桃一名

紫蘇桃一名曉天霞蓓蕾青綠花苞色中暈濃而外暈稍淡瓣長而尖初如勺後平鋪瓣上有紋色更紫花徑二寸半厚稱之鬅鬆明潤紫袍金帶又名紫重樓一名紫綬金章蓓蕾有頂開稍遲初黑紅漸作鮮紅既開彷彿亞腰葫蘆亞處無瓣黃蕊繞之其徹也黃蕊不見攢簇成毬大如雞卵開極能久雞冠紫又名紫鳳冠千瓣高大起樓紅羅繖又名紫檀紫紅千瓣紫羅袍花似紫鶴翎小而厚色勻其瓣羅紋而細紫牡丹又名紫西施一名檀心紫花初開紅黃間雜

如錦後粉紫徑可三寸瓣比次而整齊開過剪霞綃
色紫多瓣瓣邊如剪其徑約二寸許瓣疎而大其邊
如繡囊西施又名倚闌嬌淡紫小花花頭倒側如醉
絲冰紅蓮其花粉紫初開似紫牡丹其後漸淡如冰
紅花色徑二寸形團瓣疎開早碧江霞紫花青蒂蒂
角突出花外雙飛燕又名紫雙飛淡紫千瓣每花有
二心瓣斜捲如飛燕之翅瑞香紫花淡紫如瑞香色
徑僅寸許其瓣疎尖而豎
雜色　范譜十樣菊一本開花形模各異或多葉或

單葉或大或小或如金鈴往往有六七色以成數通名之曰十樣、彙苑鴛鴦錦又名四面佛又名鸞交鳳友又名孔雀尾初作蓓蕾時每一蒂即迸成三四亦有至五六者其瓣面重黃而背重紅開時一分爲三截下黃中紅其頂又紅四面支撑紅黃交雜如錦開徹黃面盡露紅背盡隱厚徑二寸餘上尖高二寸如樓臺氣香銀鎖口花初黃後淡週邊白色如銀半開時黃白相雜可愛二色西施有紅二色黃二色二色白一名平分秋色花徑三寸厚半之開最久初開時數朵淡紅數朵淡黃迥然不類半開時五朵寶色炫爛奪目開徹則皆淡桃紅色錦西施瑪瑙西施俱紅黃多瓣二色瑪瑙金紅淡黃二色千瓣八寶瑪瑙千瓣瓣具紅黃眾色粉八寶粉紅千瓣半開時五色畢備二色楊妃多瓣淺紅淡黃二色雙出如銀花徑僅二寸二色蓮一名紅轉金一名錦蠟瓣前花先茜紅後紅黃色其蕚黃徑二寸許厚半之瓣如勺而毛其末微皺上簇如蓮蕚黃而大蕚中或突起數瓣僧衣褐又名緇衣菊花小深茶褐色錦麒麟又名回回

菊其花極耐霜露徑可二寸蕚黃瓣初重紅既開則面金黃而背赤紅破層而疎錦心繡口一名萬管紅一名金絲毅一名獅頭紅花徑二寸許厚半之外大瓣一二層深桃紅中筒瓣突起初青後黃筒之中嬌紅而外粉筒之口金英爛熳如錦香清開與報君知同疊菊一名早紫花紫黑穠艷開于九日前　終南山五老洞碑記疊菊其色如墨古用其汁以書字

花史潛江有鋪茸菊色綠花甚大光其茸二月開浙有荷菊日開一瓣開足成荷花形金陵有松菊枝葉

勁細如松花如碎金層出于密葉之上

諸菊　范譜甘菊一名家菊人家種以供蔬茹凡菊葉皆深綠而厚味極苦或有毛惟此葉淡綠柔瑩味微甘其花香味俱勝擷以作羹及泛茶極有風致王子喬變白增年方甘菊三月上寅採曰玉英六月上寅採曰容成九月上寅採曰金精十二月上寅採曰長生　史譜孩兒菊紫蕚白心茸茸然葉上有光與他菊異　范譜鴛鴦菊花常相偶葉深碧藤菊花密條柔以長如藤蔓可編作屏幛亦名棚菊種之坡

上則垂下裊數尺如瓔珞尤宜池潭之瀕野菊旅生田野及水濵花單葉極瑣細五月菊花心極大每一鬚皆中空攢成一匾毬子紅白單葉繞承之每枝只一花徑二寸

補遺　側金盞類大金黃其大過之瓣有四層橙菊淺黃色簇瓣排豎生於蕚上後乃開作小片有統蓑承之其中無心鵝兒黃即劉譜之鵞毛鴛鴦菊一名合歡金花皆並蒂兎色黃瓣似荔枝菊色似兎毛密友花頭大過折三明黃闊片又枝亭菊泰州菊黃素

馨鐵腳黃鈴呂公袍皆黃菊九華菊越俗呼爲大笑
白瓣黃心花頭大淵明所賞其葉類粟木葉亦名粟
葉菊徘徊菊淡白瓣黃心瓣有四層先吐瓣三四片
旬日方周遍似淮南菊玉樓春初桃紅後蒼白又出
鑪銀鷺鷥菊蘸金白粉蝴蝶瓊玲瓏碧蕊玲瓏艾葉
菊金杯玉盤青心白頭陀白白素馨皆白菊紫玉蓮
紫荷衣紫紅粉各色萬卷佛見笑二色蓮賽紅荷太
眞紅襄陽紅銀紅絡索刺蝟菊葡萄紫勝荷花瓊環
海雲紅無心對有心試梅粧一名壽陽粧皆紅紫太

雜色婺州有銷金紫菊銷銀黃菊蓋紫菊黃邊黃菊白邊越中有淩風菊柑子菊楊妃裙蠟梅菊紫幹子柿葉菊紅香菊釵頭菊川金菊又有碧蟬菊鈸兒菊雜見於沈競史鑄周師厚各譜及遵生八箋花鏡羣芳譜中皆古名也

又五月菊名翠菊六月菊名滴露即旋覆花一名滴滴金亦名艾菊七月菊名鐵綫藍菊萬壽菊西番菊僧鞋菊一名鸚哥菊雙鸞菊一名鴛鴦菊即烏喙花孩兒菊一名澤蘭扶桑菊似薔薇而粉紅葉似菊又

瞿麥爲大菊馬蘭爲紫菊皆有菊之名而實非菊也

東籬纂要卷三

治壤 登盆附

廣羣芳譜曰種菊之處須在向陽高原宜陰宜日風雨可到之所四旁設籬遮護内開作幾埂每埂置花幾缸缸之相去一尺五六寸僅容一人往來澆灌捕蟲缸下用磚石砌起以便走水傍設一小所以藏各色器具移賞之後收根原藏此圖庶根苗不失而闕防有地

又曰種菊土力最要埴壤黃壤赤壤爲上沙磧壤黑

壤次之俱在每歲秋冬擇高阜肥地將土挑起潑以濃糞篩過雜以雞鵞糞壤令肥用草薦蓋之勿令泄氣正二月內再酵數次候至分菊時仍以細篩篩過用蚌殼搬入盆內五六寸許栽菊遇雨過根露覆以肥土可收雨澤不使根爛菊喜新土大率每年換土分種若舊土恐力不厚花發瘦小初種土培十分之四至黃梅前三二日再培土三分雨後淋去再宜封培至蕊發如菉豆大掐後又培土二分以時消息又

一法以肥鬆土用細篩篩入甑蒸二三沸取起倒出

晒乾入盆植菊能殺蟲無侵蝕之患

遵生八牋曰土宜畦高以遠水患寬溝以便水流取黑泥去瓦礫用鴨鵝糞和土在地鋪五七寸厚插苗上盆則去舊土易以新土每年須換一番則根株長大花朶豐厚否則瘦削矣

農政全書元扈先生曰擇肥地一方冬至後以純糞釀之候凍而乾取其土浮鬆者置塲地之上再糞之收水後乃收於室中春分後出而晒之日數次翻翻去其蟲蟻及其草梗草梗不去則蒸而腐焉是生紅

蟲生土蠶生蚯蚓爲菊之害土淨矣乃善藏以待登盆之需登盆也俱用此土又以待加盆之需菊登於盆或遇三日以上之雨土實根露則以土加而覆之一則受日之曝不枯其根一則收雨之澤不爛其根

致富奇書曰種菊土宜須擇好地大糞酵三次收之室中春初出晒搜去蟲蟻蒸羅既淨以俟登盆之需遇雨根露覆以餘土不使根爛

西吳菊畧曰取土以黑色爲上黃色次之緑黑色土活性鬆利水黃色縱使敲細而見水復易堅結惟桑

地常鋤耕土最佳其生土性粗易結勿用羣芳譜有用糞拌土之法然糞多雨過肥則根易爛縱或透發茂盛經伏秋霉雨黃葉必傷又曰多種者多栽在地然須絕歡好土逐條起溝中間培高每枝根下用剉碎短鬃一撮則土鬆性活花花易發且免蚯蚓盤結如字

廣羣芳譜又曰立夏時菊苗長盛將上盆先數日不可澆灌令其堅老上盆則耐日色每起根上多帶土先將肥土倒盆填二三分於盆加濃糞一杓後擺苗

種之再將前土撥滿亦如舊移種後必隔一日早用河水澆之又要搭棚遮避日色過而露轉去如久雨將盆移檐下長高尺許方可用肥仍以紅油細竹揷旁用纓繫縛以防風雨搖折竹用油可避蛀虎周樓耐風日凡要菊盤花大更無別法只是十一月大小雪中分盆過旺苗栽之如未發苗有青頭白芽者種之遮霜雪要見日色開者花自盛

農政全書元扈先生又曰立夏之後菊苗成矣可五六寸許是爲上盆之期將上盆也數日不可以糞灌

使苗受勞而堅老則在盆可以耐日起秧苗也提根之土必廣而大小則露根而傷其本用臘前所釀之土壅之其灌也視陰晴而爲增損使土壯而入根服盆而生葉則用肥水灌之久雨加臘土以挹之其種也根深則不耐水淺則不耐日隨土而稍深焉蓋菊之根其生也向上故常覆土爲加

西吳菊略又曰上盆先將薄瓦墊好盆孔下必空懸四圍勿留空隙再以晒乾熟土搓碎盛于盆內以八分爲率中間撥開以安菊苗四圍擁攏按結寔然後

用水澆透晚間使承風露一二日稍稍見日四五日方不避太陽

又曰菊喜高燥上盆後切勿着地置平屋檐口爲佳如園圃寬用架亦可既免蟻蚓之患且花本不高枝且清秀

曰上盆後日午視土色乾白則水道通利根受長養如日中不乾傍晚視他盆較潮則水孔淤塞急用竹簽四旁挑鬆並孔直到底以疏其氣明日勿澆日中如與他盆一樣垂軟日西挺勁則根未受傷如見葉

色漸黃須取出另栽

又曰菊在春天可任意遷動若在盛夏須用七八寸長六七分闊尖薄竹片沿邊插鬆然後兜底插下一手扶定花本始用竹片掘起移入他盆蓋恐花大盆小須換大盆也摠以根本毫無損傷為主近本恐用原土清水澆之可置日中盆大力厚其花更旺

藝菊須知曰菊花大半喜陰畏日喜燥惡溼既須通風得露烈日熱風尤其所畏盆養須置之棚下如陰雨過多須移簷下倘有見日即萎者係溼熱爛根急

將爛根全剪去另用乾土種之如揷頭法亦可不死
地下栽植不使蓄水即可開花上盆多不耐久且有
葉黃花小之病宜於處暑登盆先置不見日處沃以
清水一二次便可上肥
憇園主人聞所聞曰菊苗盆種不用糞土則不肥用
糞土又恐燒根法當於盆之下半用底糞上用黑土
初種根離糞遠漸長漸近便得糞力矣
又聞菊花最忌生糞糞生則蟲生須隔年熟糞方可
用

東籬纂要卷四

分苗

廣群芳譜曰春分至穀雨節內看天氣晴明地土滋潤將舊收花本四圍掘出總根輕輕擘開勿損苗芽根鬚擇肥苗三莖不拘根鬚多少如在原本上者須近原本有節處分以其節中生根方旺也秧根多鬚而土中之莖黃白色者謂之老鬚少而純白者謂之嫩鬚老可分嫩不可分有死白根者亦可種活但要去其根土浮起白鬚一層以乾潤土種之不可雨中

分種令溼泥着根則花不大土須鋤鬆不可甚肥肥
則體薄而不發須令淨去宿土恐有蟲子之害其地
比平地高尺許每尺餘栽一株每穴加糞一杓擁起
如法方可擺秧種之四圍餘土鋤爬壅根高如饅首
樣令易瀉水菊根惡水水多必爛周圍留深溝泄水
但雨過不拘何月務將溝中水疏通流別處不分在
地在盆即以醇熱乾土壅根或用缽罐瓦作盆埋地
令一半入土內使地氣相接水不停積雨過便於上
盆不傷根不泄元氣大矣及備頂御覆黃至穀雨時

以其枝插於肥地即活至秋亦著花豫章菊多往者問之圃丁云每歲以上巳前後數日分種失時則花少而葉多如不分植他處非不繁茂往往一根數幹一幹之花各自別樣所以命名不同菊開過以茅草裹之得春氣則其舊年柯葉復青漸長成樹但次年不著花第二年則接續著花仍不畏霜

農政全書元扈先生曰春分之後是分菊秧根多鬚而土中之莖黃白色者謂之老鬚少而純白者謂之嫩老可分嫩不可分分之於新鋤之鬆地不宜太肥

肥則籠菊頭而不能長發陰天之可分有日分之則枯乾而難活種之其宿土也盡去否則恐有蟲子之害既秧於土矣以越席架而覆之毋令經日經日則難醒每日晨灌之晚灌之天之陰不可傷於水秧心發芽矣不可去其覆席先用牛糞之水復用肥水[illegible]之葉上不可以沾糞糞沾之則葉枯用河之水則純河之水用井之水則純井之水不可雜焉

蓮生八月曰穀雨時將根掘起剖碎揀壯嫩有根者草種有秃白者亦可種活但要去其根上浮其自翳

一種以乾潤土雜糞實不可雨中分種令溼泥着根則花不茂分早不宜一云正月後即可分矣

花鏡曰凡菊苗俱在清明後穀雨前將宿本分種以肥土壅之則日後枝梗壯茂初栽不可見日先乾三日後隔二日一澆再後六七日灌其性善陰爆而多風露之所若水多則有蟲傷濕爛之患

致富奇書曰仲春取老根淨去宿土雨過分之土不宜厚厚則癃頭仍以箔覆勿經日色清晨水澆謂之分秧

要菊晴日分苗宜春分時晴時擇其莖短壯者為
上莖短壯則其本易發葉密則其生枝必多其本高
枝瘦幹曲葉稀及莖粗而心空者皆不敢
養菊須知日[illegible]傳春分分苗近處尚可若携負遠方
難以全活且恐盆中老本冬間照料不到非凍壞即
房中太燥[illegible][illegible]過[illegible]致苗黃萎莫若花開時分之既
可辨其花之優劣又便澆擇移時只須二三芽無論
有根無根長須二寸許不必帶土種之即活帶時每
樣用油紙糊裹記明名色將大萊菔一個黃芽白菜

亦可劈開挖空裝滿菊芽不可少鬆外用粗紙包二三層麻繩紥緊頻用水溼如天過冷外仍用草裹或盛木匣中免路上受凍雖千里可致也到時將地築爲長畦每科相距一二寸沃以清水候不畏日方可不澆若路太遠帶到時苗已枯軟只須用水浸在碗內一二日候苗復元再種如天極冷約在冬至後宜栽盆中晚間收在房內早仍移於朝陽簷下設種在地夜用草簾蓋之日出捲去切不可見糞倘有雨雪將簾捲去令苗受潤天一放晴卽須蓋簾夜間必有

大凍恐其凍壞如此護持自無不活之理至清明前後即可移栽須多帶宿土較之春分時所分不啻雲壤矣

東籬纂要卷五

培養

廣羣芳譜曰長高尺許芒種節中每枝逐葉上近幹處生出眼一一掐去此眼不掐便生旁枝掐時切須輕手左手雙指拈梗右手指甲掐蕊勿猛摘猛放蓋菊葉甚脆畧一觸即墮矣至結蕊時每株頂心留一蕊餘則剔去如蕊細用針挑其逐節或先掐眼不盡至此時又結蕊亦盡去之隨加土平缸底一枝之力盡歸一蕊開花尤大可徑三四寸惟甘菊寒菊獨梗

而有千頭不可去立秋後不論枝長短並不可損動至黃豆大隔二三日澆肥一次則花大色濃至霜降花大發矣中有早晚不同開早者先移賞玩後開者又作一番其間不開并零落者存之作本如欲蕃多至春苗尺許撥去其頭數日則歧出兩枝又撥之每撥蕊歧至秋則一幹所出數百千朶婆娑團欒如車蓋盧籬人力勤土又膏沃花亦爲之屢變菊之本性有易高者醉西施之類是也有庳底者紫芍藥之類是也欲其低摘正頭欲其高摘旁頭庶無過不及之

患
又曰養花易養葉難凡根有枯葉不可摘去去則氣
泄其葉自下而上逐漸黄矣根邊用碎瓦或花盆密
蓋防雨濺泥污葉或鵝糠螺殼亦可葉有泥以滴水
洗淨各月皆然澆糞澆水慎勿令著葉一著變陽即
黄落欲葉青翠時以韭汁澆根沙缸下用大磚墊高
缸底以走積雨則葉不損如此護之則枝葉翠茂清
氣藹然露霑葉脆一觸即落一法以稻草剪作尺許分
縛花四圍根上去根四五寸許周圍分撒如蓑衣狀

泥亦是護葉一法四五月大雨腳菊易壞須設栅遮
蓋
又曰秋時有狂風驟雨每本再揀堅直籬竹綁定用
莎草從根縛二三節勿令搖動傷殘菊性畏熱須放
陰處以待夜露天寒有霜移置屋下根縛紙条就盞
引水使根長潤而不傷水則花久可觀葉秀可愛黄
梅雨久花根浸爛花葉將萎即拔起剪去爛鬚止留
直根重插平溼土内如插花法即可留種亦可有花
農政全書元扈先生曰菊之尺許矣是宜理緒[illegible]

也則去其旁枝欲短也則去其正枝花之深視其種之大小而存之大者四五蕊焉次者七八蕊焉又次十餘蕊焉小者二十餘蕊焉惟甘菊寒菊獨梗而有千花不可去也

又曰菊稍長也竹而縛之毋令風得搖之雨之久也宜出水盆內亦然

尊生八箋曰四五月間每雨後菊長亂苗每株即摘去正頭使分枝而上若根本瘦者止摘一次七八月後看再摘一次每枝下小枝俱用摘去

又曰八月初時菊蕊以生如小豆大每頭必有四五須耐心用指甲剔去旁生留中一蕊更看枝下傍出蕊枝悉令删去則花大如剔傷中蕊則不長矣

又曰諺云未種菊先扦竹菊苗長至三四寸長即立小細竹一枝以棕線寬縛令直否則風雨欹斜花長屈曲

又曰黄梅溽雨其根易爛雨過即用預蓄細泥封培大生新根其本益固夏日最惡者能蠹蝕秋後[illegible]青翠過此二時方可言花矣

花鏡曰苗長至尺許每日堅直小籬竹近揷之以軟草寬寬縛定使其幹正直無風折之患

又曰葉不可沾泥有泥即瘁如雨濺泥即將清水洗淨用碎瓦片蓋其根土則葉自根至上長青葉勁而脆不可亂動

又曰四月中摘去母頭令其分長子頭每本留三四頭肥大者留五六以防折損

又曰初發蕊時每枝止留一二蕊蕊多力分則花不大

致富奇書曰三月扶植倒鬆肥土加以濃糞推土令高移花種之仍覆碎瓦以防泥濺蒔苗既活扶以小竹

又曰分秧後俟高數寸摘去其頭令生歧枝繁者毋太多存以備蟲傷長及一寸用籃盎覆月覆九日有出籃者則掇其腦秋分方止夜去其籃出以承露花開平齊謂之摘頭頭既摘葉間生眼亦須摘去勿使奪力謂之掐眼菊花貴少枝留一蕊拂去細蕊氣力既併花開倍大謂之剔蕊

又曰菊雖傲霜實則畏之候蕊未開移之宇下根縛紙條就盞引水根潤花滿元氣月餘若有黃葉以韭汁澆根則青茂如故

西吳菊畧曰下雨之時雨點濺在根邊其根易爛且近土之葉沾泥枯落儘所謂赤腳乃菊之大病須用青苔瓦片遮蓋然不如將松毛短切洒於土面最為妙以其透風漏水又不赤腳也

又曰不必拘三分四打之說枝上長及四五葉即須摘頭摘後每葉莖邊必長一枝如大盆可留五七枝

中盆只留三枝其細瘦者芟去
又曰菊葉沙黃患在三伏與初秋因花本大而盆小土薄乾傷悶傷宜將盆置涼水中浸透自能醒轉然已損數層葉矣或肥溼大過日氣猛蒸是爲濕沙將盆旁之土挑鬆置涼燥處一二日再如晒乾葉亦轉綠
又曰菊根老葉最易枯焦其枯未甚者勿摘去摘則其上層復枯矣或雨濺泥污候晴後葉乾輕輕抹去浮泥葉仍秀然旱覆松毛必無泥污之患

又曰盛開之時必安放得宜花更耐久俟花心開足方可移入屋內否則花心焦黑矣其屋必須透風敞快間一二日微澆清水四五日後晚間移出承露次晨仍可收進大洋種可玩一月細土種可二三月

又曰其品類蘧花者開至七八分即宜移進其三分在屋內開足若太晒太露反散漫矣小本扦枝止花一朶小盆小架可置葉上其扦遲花晚枝瘦力薄者可用蜂蜜水澆之愈久而嬌

又曰往時種菊有插竹之說繼以棕麻細縛俱不雅

觀後漸用鉄線纏繞以扶花頭而正偏向已勝於揷
竹矣近時花匠率將丈許高菊盤曲其本埋入深盆
之內用土掩之其露出花本多近盤邊緣葉著根從
不赤脚其枝幹高低與花之向背悉以鉄線繞成卽
花非佳品一經匠手頓然改觀誠爲能事然緣葉絕
少茂密葉與花不相應轉無自然之致特取快目前
耳至花本盤屈可以無傷生意則澆灌得法之功且
老圃無不富儲金汁卽陳糞化水者以之澆花有起
死回生之力所以花寄園中無不生活一入人家服

盆者少無金汁救之也其戕賊根本不獨菊花爲然特菊尤甚耳

藝圃主人聞所聞曰欲菊之枝齊於結蕊時視其枝之長者刺以竹針令洩氣枝即遲長

又聞曰菊最忌伏雨伏天遇雨在地則遮蓋之在盆則移人廊下不然必爛根否則黄葉

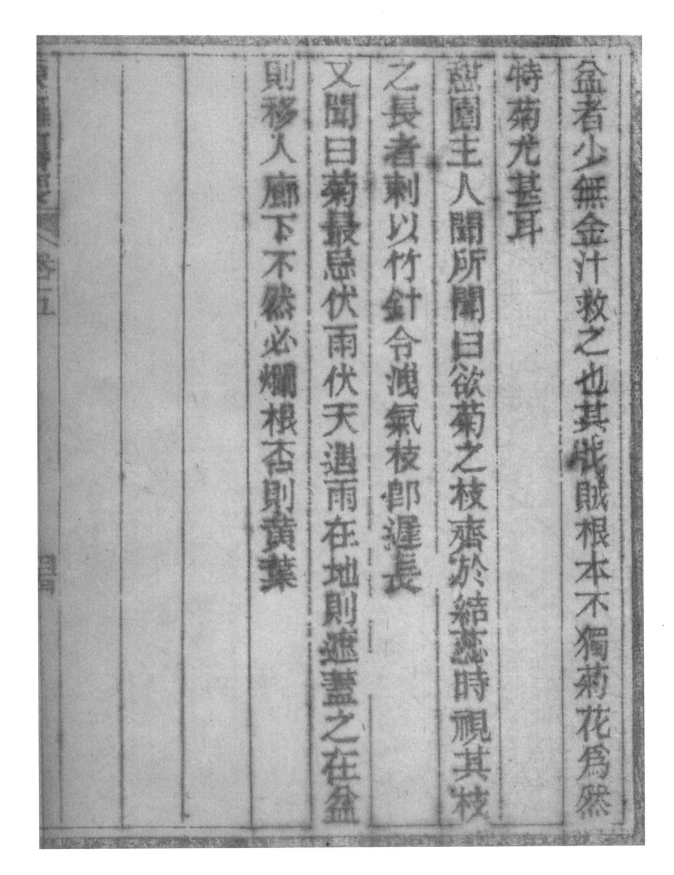

扦接

廣羣芳譜曰五月梅雨時將摘下肥壯小枝長三五寸者齊節邊截取揷入肥腴土內約寸半許以泥埋過節爲止以其節能出根故耳移置陰處或用箔篳遮護令不見日頻以水澆間用肥水待至盈尺畧見日影至中秋不必遮藏與種菊同開但花畧小耳可移盆中置几上清玩揷大芋頭內埋土中亦佳此根收起來年發苗更旺凡菊開花時有苗頭近梗掐下

以汚泥猪糞釀肥下花苗頭在內上盖鬆泥此苗卽活冬間分得芽頭須用猪糞釀泥種之凡壅花以頭垢不生莠蟲欲其淨則澆糞舍肥糞而用河泥紫金鈴及蜜芍藥紫牡丹白牡丹秋牡丹金寶相金邊紫鈴難栽宜多揷

又曰四月間梅雨時將賤菊本幹肥大者截去苗頭近根止數寸將他色菊苗頭截下以利刀披削如鴨嘴樣將前去苗頭本上以利刀劈開僅可容苗頭削枝揷落卽用麻線縛定以汚泥塗之再以紙箬包裹

至活方去則一本可容三色且至深秋指頭長完無痕可見

遵生八箋曰接菊以菴藺根或小花菊本接着如接樹法恐亦不佳

花鏡曰四月摘頭接菊亦在此月

又曰美種難得可用扦接法自五月間扦接後一不可一日失水并不可見日便易活有花

致富奇書曰先於春初擇取老艾薦其枝葉故土培之接以諸菊將本土封固接頭候其枝茂然後去之

秋深花開各依本色
西吳菊畧曰古時菊皆分苗種本今因洋種易扦遂
概用扦法而扦株矮於本株澆灌得宜精神更旺春
天摘下之頭已可扦得若春杪夏初和暖之際扦無
不活其要先以鬆細黑土安放停妥用水細洒取潤
剪取粗壯嫩頭約二三寸剪口之葉略去數片用清
水半杯傾入土內將竹簽揷八攪匀即以菊枝扦入
復以半乾之土添放少許用兩指輕輕按緊已得法
矣扦後次日畧見日光一二刻即便移進晚間須承

風露不可閉置第三四天見早日半時許猶忌午日五六天於近處陽光不猛處多晒半天其後葉已生根但視日午葉垂日西挺起則根已化足不妨長置日中矣

又曰初秋涼爽每莖多生小枝必宜掐去擇其粗壯者照前扦法亦活白露時作蕊其花略遲而已但新扦之枝不摘頭任其單枝長發止留一本一花亦大如盌又白露後掐下小枝陸續扦活常澆肥水置之日中其花開於小雪大雪之時燦爛不絕

又曰昔人取黄白菊各去半幹合之其開花則黄白
相半大都非金汁不如功接法但用老艾見與稍便
覽今用菴藺子亦艾屬也法於四五月間取細子伴
灰預鉏平地將灰子勻洒地上三天即出至五六天
已長寸許則穿鞋盡行踏倒横斜欹側聽之再二三
天擇其粗壯者拔出别種但得微潤其本即長宜乾
之使矮六月間各葉椏出一小枝其本已長數尺矣
候處暑後剪菊枝二寸許將菴閭著莖半寸前斷以
快小刀劈破少許將菊枝插入外用麻皮裹紮少頃

葉蘗下再次晨即醒如天熱須黎明接之仍避正午
日氣天涼可于下午接之晚間承露尤妙但每株每
日共接一枝如四五椏則分四五日接之花時一本
五色且養潤枝肥力猛花更發葳蕤露後可移入盆
其養間先須擁淨將花時方褁麻皮以本綫不見接
痕為實惟接處甚脆風搖易折或預縛竹枝用棕絲
拉緊或鐵絲縛之均以不傷綠葉為主

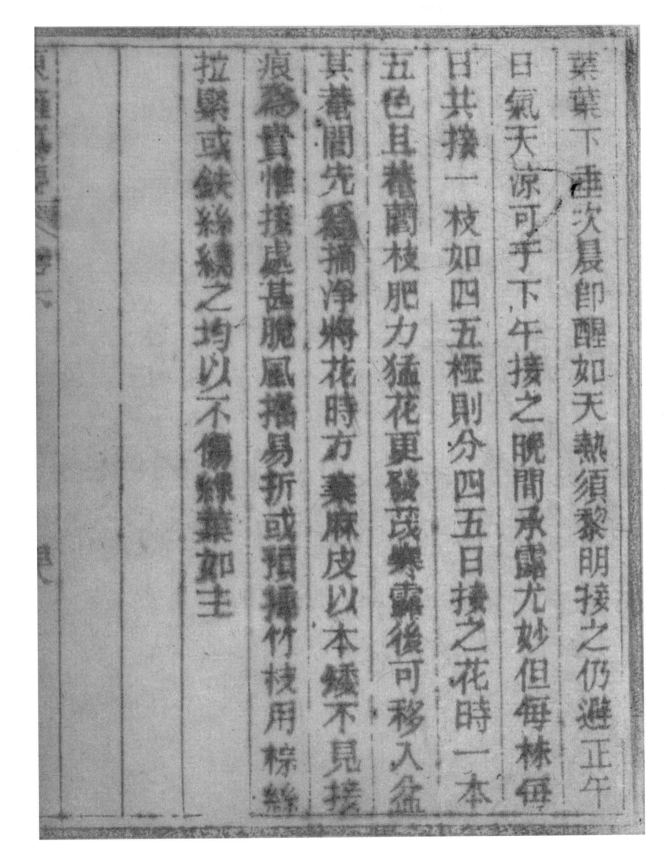

東籬纂要卷七

澆灌

廣羣芳譜曰初種時澆水後得大日色晒三四日候天色晴燥旱晚用河蕩水澆一次澆時須用盆緩緩澆透不透恐下邊土熱葉即發黃天雨不必澆既活長至六七寸長方將宿糞一杓水一桶和匀澆一次隔日又一次澆時須在雨過後一日若晴久土燥不可澆肥亦不可澆在花根邊令根傷損先將缸内土四邊掘壅根上如高阜樣肥灌四周低處量看枝葉

綠色深翠即止大約瘦者多澆肥者少澆否則令蕊
籠閉青葉勝變芒種節後黃梅久極易傷根大雨時
行尤爲難着梅天但遇大雨一歇便澆須少冷糞以
扶植之否則無故自瘁若厭澆糞用肥泥于根邊週
圍堆壅半寸再用溼泥功倍於糞且不壞葉六七月
內不可用糞用則枝葉皆蛀每晨用河水澆灌若有
撏雞鵞毛水停積作冷清或浸蠶沙清水時常澆之
尤妙尤須蓄土以備封培其根復生其本益固自此
以後不可澆肥芒種後如苗瘦者上用汙泥水隔三

五日一澆以天色晴雨爲則六月大暑中每早止用河水澆此月天熱糞燥用糞則傷菊此後至花蕊發如黃豆大方澆淸淡糞水一二次花將放時又澆肥一次則花開豐艷可觀此花大率惡水水多則有蟲傷溼爛之患紫金鈴一種忌肥喜陰又不可見水宜大樹下陰處種之暑見日影常令肥潤而已不見令中間頭長腦頭一起卽掐一段根下亂頭不可去待亂枝茂根瘦卽花盛此種及蜜芍藥金芍藥銀芍藥不宜見糞惟沃以汙泥稀水紫線盤不宜見肥金鈴

一種絕妙極難活但置陰處多見水不見肥東籬品
彚云澆花以噴壺噴之最良
遵生八箋曰種後早晚用河水天落水澆活苗頭起
暫止待長五六寸長用糞汁澆一次再用燖鷄鵝毛
湯帶毛用缸收貯待其作穢不臭後取澆灌則花盛
而上下葉俱不脫夏月日未出時每早宜澆根洒葉
每雨後三二日即以濃糞澆一次花至豆大聯澆糞
水二次花放時一次則花大而豐厚耐久
花鏡曰夏至時用濃糞澆之夏至後止用鴨鵝毛湯

并繅絲水或鮮肉汁或菜餅屑水澆之三伏天上用
只用河水若澆糞必籠頭
又曰結蕊後須五日一澆肥糞已開又不可澆肥開
時或有力不足者磨硫磺水澆根經夜即發
又廣羣芳譜曰蓄水之法花傍四角設四缸一蓄糞
水一蓄汙肥小二蓄河水雨水澆花河水雨水如上
洗鮮肉過鴨鵝毛水繅絲湯俱佳醃雞鵝毛水法用
缸盛貯投韭菜一把或枇杷核則毛盡爛一云先時
以死蟹釀水澆花不生莠蟲又能肥花用糞各有次

第一次糞二水八越半旬第二次糞三水七再越半月第三次糞水相半又越半旬第四次糞七水三第五次全糞可也救花太肥用野芥子滿缸下之以減其力臘月掘地埋缸積濃上蓋板塡土密固至春渣滓融化止存淸水名曰金汁五六月菊黃萎用此澆之足以回生且開花肥潤

致富奇書春用蠶沙夏用毛水立秋後酌用糞水初次糞一水三二次倍之三次糞水相半花蕊既結始用純糞

又日菊有粗葉細葉不同粗葉如七色鶴翎狀元紅狀元紫福州紫洒金香倚蘭嬌羅傘紫袍芙蓉絡絲鎖口佛頭二喬紫菊之類最愛肥濃除六月外間三四日一澆愈肥愈盛細葉如飛金剪茸大小攢花剪絹銀薇牡丹蘇桃繡毬嫦娥獅蠻攧頭等類只可在初種時用淡糞水澆一二次稍以濃肥者灌之反至腐敗至於月下臙脂葡萄西施四種切不可見糞一澆即葉大頭籠消乏之無蕊矣

西吳菊畧曰自春夭至霉天時滋潤須視土色略乾

然後澆水略乾無害過溼則根爛矣伏天燥烈每盆必須澆之黄昏時察其土性已涼而葉醒挺須再澆一次熱天不宜腥穢之水致損緑葉秋後露重可以少澆若白露作蕊則清水不足助其力矣

又曰用肥太早烈日一蒸葉變黄沙色太猛則變爲雄頭不蕊不花矣宜於白露後將作蕊之時候天晚日氣退盡土性已涼用清肥澆之隔三四日漸加濃厚扞枝較遲者更宜加厚則同時開放

又曰肥用糞汁尚矣然穢氣可憎須預積熟土舂粗

作人將糞拌之以鍬鉏爬轉候乾再灌再拌約四五
次候白露後將盆面之土撥鬆壅上糞土則肥而不
臭陸續加草汁餅汁更佳
又曰草汁性和而力不久糞汁非雅人所堪故豆餅
爲第一法以小餅鑤屑浸水取汁立秋後餅汁對和
清水間日一澆白露後不用和水漸加濃厚然必日
澆清水少許不在專用肥
藝菊須知曰菊花喜肥者多隔年熟糞麵子如第一
雞鴨魚腥水次之上肥可勤不可多須三五日一次

花一見即止只須澆清水

東籬纂要卷八

除害

廣羣芳譜曰初種時長至五六寸即有黑小地蠶嚙根早晚宜看除之又生一種細蟲穿葉惟見白頭縈廻可用針刺死之立夏至小滿四五月中防麻雀折枝作窠雨過後或生青寸白蟲食腦葉或生如虱黑莠蟲以指彈梗去之時常須看芒種後四五月時有黑蟲似螢火肚下黃色尾上二鉗名曰菊牛又名菊虎或清晨或將暮或雨過晴時忽來傷葉可疾尋殺

之此蟲飛極快遲則不及若花頭垂軟即看四圍針
處用指甲摘去過傷處一二寸免致傷此一本此蟲
一嚙即生子梗上變作蛀蟲從損處劈開中有小蟲
可撚殺之黃梅雨中逕熱時候葉底生蟲名象幹蟲
青色如蠶食葉上半月在葉根之上幹下半月在葉
根之下幹破幹取之旋以紙撚縛住常以水潤之花
亦無恙至六七月雨過時又生細細青綿蟲食頭此
蟲極難尋覓可先看葉下有蟲糞如沙泥即蟲生處
覓去之高僅三尺許小暑至秋分時常要看節邊蛀

孔有蟲在內用針或鐵線插入孔中上半月向上搜者下半月向下搜蟲死即好枝上生蝌蟲用桐油圍根上蟲自死癮頭者曰菊蟻以鱉甲置旁引出棄之瘠枝者曰黑蛐以麻裹筋頭輕捋去之無故葉黃色憔悴土內必有蠐螬或蚯蚓食根可用鐵鈎抓開根下土泥尋蟲殺之或以石灰水灌遍以河水解之喜蛛侵臘當去其絲又防節眼內生蟲亦以鐵絲搜殺之蕊將發頭或蕊臘已發上生黑青蟲可用棕刷拂去間用茅灰摻蟲或以魚腥水洒之或將洗鮮魚水

或死蟹水洒之葉上或種韭薤葱蒜於菊根傍皆去
蟲法也常要除去蜒蚰則苗葉可免傷害
農政全書元扈先生曰菊旁之多蟻也則以鼈甲置
於旁蟻必集焉移之遠所夏至之前後有蟲焉黑色
而硬殼其名曰菊虎晴暖而飛出不出於巳午未之
三時宜候而除之菊之為菊虎所傷也傷之處仍手
微摘之磨去其牙蟲毒可以免秋後之生蟲如虎之
多也必多栽易壯盛之菊於園之周菊有香焉蟻上
而糞之則生蟲或長而蟻又食之則菊籠頭而不長

其蟲之狀如白蝨以棕線作帚而刷之扇以承之擸之遠所秋後而不見蟲也宜認糞跡是有象榦之蟲其色與榦無殊也生於葉底上半月在於葉根之上榦下半月在於葉根之下榦凡草木盡然其膏脂以每朔爲升降故耳此物理也或破榦取之以紙撚縛之常以水而潤其紙絛花乃無恙或用鐵線磨如邪鋒之小刀上半月於蛀眼向上而搜蟲下半月在蛀眼向下而搜蟲有菊牛焉洽之則萎種薑葱則可以辟麻雀愛取菊之葉而爲巢取之則萎四之月雀乃爲巢時宜慎也

遵生八牋曰初種活時有細蟲穿葉微見白路尋迴可用指甲刺死又有黑小地蠶齧根早晚宜看四月麻雀作窠啄枝啣葉宜防又防節眼內生蛀蟲用細鐵線透眼殺蟲五月有蟲名菊牛有鉗狀若螢火雨後菊頭忽折可於三四寸上尋看去其折枝不然和根斃矣又於六七月後生青蟲難見須在葉下見有蟲糞如蠶沙即當去之又有鑽節蠹蟲去之泥塗其節

花鏡曰小滿時每日須看捉剪頭蟲紅頭黑身在辰巳二時當剪菊

頭若被菊虎咬過其頭晃目即垂視其咬傷處去寸許即掐去無害遲則生蟲如後之患又有細蟻侵蛀菊本須用魚腥水洒其莖葉藏擁土則除若蚯蚓地蠶傷根以不灰水灌之自死又遂將河水灌以解灰毒若黑蚝齧其枝以麻裹箭頭捋以則出若象幹蟲似蠶青蟲與葉一色食葉須早起以針尋其穴刺殺之蚱蜢亦害食皆當捉去

致富奇書曰夏至前後有黑色蟲名曰菊虎又名菊牛宜於早間及巳午未三時尋殺之如彼嚙傷此葉

偏垂急摘去之庶免毒攻致生秋蟲又有傷根者曰蚯蚓以石灰水灌以河水解之癰頭者曰菊蟻以龍甲置旁引出棄之瘠枝者曰黑蚰以麻裹筋頭輕搯去之賊蘖者曰象幹蟲以鐵線磨鋒尋穴殺之

西吳菊略曰一麻雀喜啄嫩頭或做假鷹或張被網皆可禦之更有將亂髮繞於枝頭雀爲髮繞愈跳愈緊再不敢來一太肥則生黑蟲或用刷刷之或用手捏之皆可一太溼背陽則生青蟲密裹枝頭較爲難治用鴿糞曬乾研細末篩于枝葉則盡死矣一蛛網

及梢葉蟲皆須除去又有菊牛菊虎子午之時盤旋葉上捉去又剪頭蟲每咬傷菊頭生子見人即伏土中白露後菊腹忽生蛀蟲風搖則折其害尤甚捕法總在清晨細看

一除蝶法於五月間覓螳螂窠數枝置菊左右立秋後螳螂子出跳躍菊上不食菊葉能驅蛺蝶兼食諸蟲於菊有益無損

一除蝸牛先於盆內底孔邊覓出蝸窠再用桐油塗盆口

一拔草栽葱凡野草必須早拔以免傷根而菊旁栽葱則不生蟲且能利壅至伏天剪去

東籬纂要卷九

幻弄

廣羣芳譜曰菊無染色藍黑二色傳有染法須先多種一捧雪銀芍藥月下白三種花蕊將開用金墨研濃下油一二點或和以乳汁用牙刷濺墨到入蕊心待露過夜次早又染凡三四過則花墨色藍用新收靑綿夜至露中候溼次早絞綿色水滴蕊中心開時花作藍色一法用礦砂一二釐入水用五色顏料俱可染花極易入瓣但花不耐久卽便凋萎眞賞者不

取或於九月收霜貯瓶埋之土中菊有含蕊調色點之透變各色或取黃白二色各披半邊用麻紮合所開花朵半白半黃如欲催花於大蕊時罨龍眼殼先於隔夜澆硫黃水次早去殼花卽大開依法留之可至春初馬糞釀水亦可

花鏡曰白菊蕊以龍眼殼照住上開一小孔每早以灑青水或胭脂水滴入花心放時卽成藍紫色

又曰凡花紅者欲其白以硫黃燒烟熏盞蓋在內少頃卽白欲催其早放以硫黃水灌其根或用馬糞浸

水澆根亦易開若欲其緩放以雞子清塗蕊上便可
遲三兩日
致富奇書曰先於九月收霜貯瓶埋之土中菊有含
蕊調色點之透變各色或取黃白二菊各披半邊用
麻紮合則開花半黃半白如欲催花將龍眼罩菊蕊
上隔夜澆硫黃水次早去殼花即大開
西蜀菊畧曰者圖欲應重陽每用催法有用馬糞水
者有用牛皮屑浸水者或泡硫黃水待冷於日中澆
之皆能速開然皆不能暢足賞鑒家所不取菊有早

中晚三等聽其自然方與延年壽客之名相稱

東籬纂要卷十

儲種 種子附

廣羣芳譜曰花謝後即剪去上截上留近根三五寸每缸插籌記認名色或於缸邊記號亦可剪處用泥封口移至向陽處晒之土白燥時將肥水澆一二次天將大雪用亂穰草覆之以避凍損宜稀蓋不可過密密則苗黃又法以礱糠燒灰覆之可避寒氣天日晴和用糞搪揠菊本四邊勿著根春苗自旺交立春糞即少用有他處乞來名花根接者明年花開必變

即以原花枝梗横埋肥地中每節自然出苗收取近中幹者則花本不變可得眞種立春後天尚寒且不可輕動仍用草護其本則新秧早發壯大至二月內冰雪半消方可撤去覆草遇奇種宜於秋雨梅雨二時俻下肥梗揷在肥陰之地加意培養亦可傳種

又曰秋菊枯後將枯花堆放腴土上令晷著土不必埋時以肥沃之明年春初自然出苗收種其花色多變或黄或白或紅紫更變至有變出人所不識名者甚爲奇絶

農政全書元扈先生曰冬到而菊殘也一衰即并莖葉而去其上莖其幹留五六寸焉或附於盆或出於盆埋之圃之陽鬆土之內臘之月必濃糞澆之以數次菊之性耐於寒故須土糞多則煖而不冰可以壯菊本可以禦隆寒可以潤澤而不至枯槁

遵生八牋曰凡菊開後宜置向陽遮護冰雪以養其元

花鏡曰花殘後即當拔去竹桿折出花幹止留老本寸許壅護其苗每本揷一小牌上寫花之名色來春

分種庶不差失冬月用亂穰草蓋之不遭霜雪交春芽肥力全

致富奇書曰冬初菊殘折去枝葉掘地作潭埋根其内摻以新泥澆糞數次菊本既壯春苗乃發

又曰凡遇奇種用朽木鑽眼揷秧其上浮之水缸俟其生根移栽陰地或泥丸埋之土中依法澆灌數日即活若得接本須於花後將枝接下横埋肥土每近節處自然生苗收其中幹花本不變

西吳菊畧曰貴種難得又難發發必須生芽頭庶可

多摘廣扦法必用催宜栽於大盆須嫩土用草汁豆汁間日一澆或數年宿糞窨如清水名爲金汁間日澆之更要微陽涼爽之處頭枝下摘旁枝旋發扦插遂廣矣

又曰貴種最易損傷夏天乾傷用冷水浸透其葉自醒若蟲蝕腹內枝梗忽斷即剪其嫩枝扦插其老本根邊如有小枝或葉莖內有芽眼急將斷處修好留老另養新枝惟淫傷太甚其根已爛見日葉垂次晨不醒即將嫩枝剪下清水養後修一剪扦入嫩泥以

留貴種

又曰菊殘剪棄留種爲明年計如根邊苗多宜將盆覆出埋於向陽地不可太濕如無地即接盆搏牌置向陽處冬至時用礱糠或稻草蓋面春煖棄之免爲雨雪所侵

又曰賤種易活易花其新得貴種根苗稀少留種甚難大凡奇幻之花精神都歸花上其下每無新苗惟花朶早剪數天視老根或有細枝留長三四寸用竹器套上培壅嫩土遮及老梗次年仍有此種或老梗

並無細枝再察其枝葉縫間欲長小枝名曰𣪊眼則摘去花朵將盆覆出連枝帶梗橫埋肥嫩土中仍露枝杪以透其氣每日曬之一受陽和之氣𣪊眼即長小枝春暖可爲苗種

又曰花後盆土須漸漸晒乾極暑澆清水俟再乾極方可再澆一交冬至任其乾透若稍潮潤其土必凍菊根受傷所以嚴冬以乾土爲主春暖方澆

藝菊須知菊之佳者生芽不易且有養至三四年即不發苗日見黄萎諸病須於菊打頭時將佳種多插

秋間自可生芽且較老本肥旺庶免斷種之虞仍恐天時方旱揷頭難活即用蒿本接之俟活時將接處斜壓土中亦可生根生芽

又曰菊喜新土有養菊至數年多不發旺急宜移送他處再將芽子移回仍可茂盛若佳種吝不與人必致斷種而後已

又曰菊開將殘時剪去菊英離菊蔕只留半指許移置簷下仍用肥水常澆燥濕得宜勿令大凍小冷無妨至年底花蔕即乾枝上用透氣籃筐襯紙一層剪

下菊蒂盛在籃內懸於通風見日處穀雨後地下作畦先用水澆一二次令畦內土墊實再用水澆約時許水浸完將花蒂揉篩土面用細羅篩土覆之似有若無不可太厚務使土面常潤旬日即可出矣倘遇微雨七日亦可出午間烈日須用草簾蓋覆只令早晚見日時用噴壺澆洒最佳本年入伏前亦打頭一次每株旺者可叢三五枝長四五尺不等處暑時亦可上盆花開旺者仍與老本無異惟劣者太多百株中不過一二種好者而已

愍園主人聞所聞曰種子者土深則不出土實又不出莫妙於盆中預取鬆土俟春雪時將盆置於院內雪後洒子其上雪化子落土內恰在不深不淺之間晒之以日自勾萌畢達矣

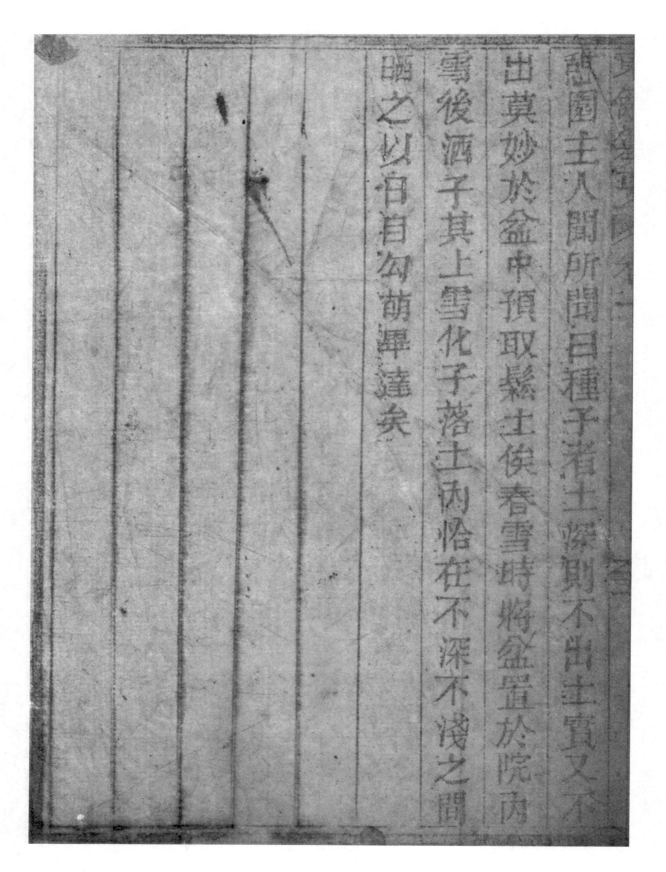

出版後記

早在二〇一四年十月，我們第一次與南京農業大學農遺室的王思明先生取得聯繫，商量出版一套中國古代農書，一晃居然十年過去了。

十年間，世間事紛紛擾擾，今天終於可以將這套書奉獻給讀者，不勝感慨。

當初確定選題時，經過調查，我們發現，作爲一個有著上萬年農耕文化歷史的農業大國，我們整理的農業古籍叢書只有兩套，且規模較小，一是農業出版社自一九五九年開始陸續出版的《中國古農書叢刊》，收書四十多種；一是農業出版社一九八二年出版的《中國農學珍本叢刊》，收書三種。其他點校整理的單品種農書倒是不少。基於這一點，王思明先生認爲，我們的項目還是很有價值的。

經與王思明先生協商，最後確定，以張芳、王思明主編的《中國農業古籍目録》爲藍本，精選一百五十二種中國古代最具代表性的農業典籍，影印出版，書名初訂爲『中國古農書集成』。接下來就是正常的流程，先確定編委會，確定選目，再確定底本。看起來很平常，實際工作起來，卻遇到了不少困難。

古籍影印最大的困難就是找底本。本書所選一百五十二種古籍，有不少存藏於南農大等高校圖書館。但由於種種原因，不少原來准備提供給我們使用的南農大農遺室的底本，當時未能順利複製。最後所有底本均由出版社出面徵集，從其他藏書單位獲取。

本書所選古農書的提要撰寫工作，倒是相對順利。書目確定後，由主編王思明先生親自撰寫樣稿，副主編惠富平教授（現就職於南京信息工程大學）、熊帝兵教授（現就職於淮北師範大學）及編委何彥超博士（現就職於江蘇開放大學）及時拿出了初稿，爲本書的順利出版打下了基礎。

本書於二〇二三年獲得國家古籍整理出版資助，二〇二四年五月以『中國古農書集粹』爲書名正式出版。

二〇二二年一月，王思明先生不幸逝世。没能在先生生前出版此書，是我們的遺憾。本書的出版，或可告慰先生在天之靈吧。

是爲出版後記。

鳳凰出版社

二〇二四年三月

《中國古農書集粹》總目

一

呂氏春秋（上農、任地、辯土、審時）（戰國）呂不韋 撰
氾勝之書（漢）氾勝之 撰
四民月令（漢）崔寔 撰
齊民要術（北魏）賈思勰 撰
四時纂要（唐）韓鄂 撰
陳旉農書（宋）陳旉 撰
農書（元）王禎 撰

二

農桑輯要（元）司農司 編撰
農桑衣食撮要（元）魯明善 撰
種樹書（元）俞宗本 撰

三

居家必用事類全集（農事類）（元）佚名 撰
便民圖纂（明）鄺璠 撰

天工開物（明）宋應星 撰
遵生八箋（農事類）（明）高濂 撰
宋氏樹畜部（明）宋詡 撰
陶朱公致富全書（明）佚名 撰（清）石巖逸叟 增定

四

農政全書（明）徐光啓 撰

五

沈氏農書（明）沈氏 撰（清）張履祥 補

十三

十四

十五

竹譜　（清）陳鼎　撰
桐譜　（宋）陳翥　撰
茶經　（唐）陸羽　撰
茶録　（宋）蔡襄　撰
東溪試茶録　（宋）宋子安　撰
大觀茶論　（宋）趙佶　撰
品茶要録　（宋）黄儒　撰
宣和北苑貢茶録　（宋）熊蕃　撰
北苑别録　（宋）趙汝礪　撰
茶箋　（明）聞龍　撰
羅岕茶記　（明）熊明遇　撰
茶譜　（明）顧元慶　撰
茶疏　（明）許次紓　撰

十六

治蝗全法　（清）顧彦　撰
捕蝗考　（清）陳芳生　撰
捕蝗彙編　（清）陳僅　撰
捕蝗要訣　（清）錢炘和　撰

十七

安驥集　（唐）李石　撰
元亨療馬集　（明）喻仁、喻傑　撰
牛經切要　（清）佚名　撰　于船、張克家　點校
抱犢集　（清）佚名　撰
哺記　（清）黄百家　撰
鴿經　（明）張萬鍾　撰
蜂衙小記　（清）郝懿行　撰
蠶書　（宋）秦觀　撰
蠶經　（明）黄省曾　撰
西吳蠶略　（清）程岱葊　撰
湖蠶述　（清）汪曰楨　撰
野蠶録　（清）王元綎　撰
柞蠶雜誌　增韞　撰
樗繭譜　（清）鄭珍　撰　（清）莫友芝　注
廣蠶桑説輯補　（清）沈練　撰　（清）仲學輅　輯補
蠶桑輯要　（清）沈秉成　編
豳風廣義　（清）楊屾　撰